Die Härteprüfungen

nach

Brinell ■ Rockwell ■ Vickers

EIN HANDBUCH
FÜR DEN BETRIEBSMANN

216 Seiten · 106 Abbildungen · 56 Prüfbeispiele · 50 Tabellen

SPRINGER-VERLAG BERLIN
HEIDELBERG GMBH

ISBN 978-3-540-02459-0   ISBN 978-3-662-21794-8 (eBook)
DOI 10.1007/978-3-662-21794-8

Vorwort zur 1. Auflage

Der Kugeldruckversuch nach Brinell, die Härteprüfung mit Vorlast und die Härteprüfung nach Vickers sind die meistangewandten Methoden zur Bestimmung der Härte bei Stahl und Nichteisenmetallen. Für den Betriebsmann ist es ein Bedürfnis, ein Nachschlagewerk zu haben, aus dem hervorgeht, in welchen Fällen

> 1. der Kugeldruckversuch nach Brinell,
> 2. die Härteprüfung mit Vorlast (Rockwellprüfung)
> 3. die Härteprüfung nach Vickers

anzuwenden ist. Diese Prüfmethoden der Härteprüfung sind in vorliegendem Handbuch eingehend beschrieben, ebenso die Maschinen und Meßgeräte der Firma Georg Reicherter, Eßlingen a. N., zur Ausführung des Kugeldruckversuches nach Brinell, der Härteprüfung mit Vorlast und der Härteprüfung nach Vickers. Prüfbeispiele und Tabellen für die jeweilige Prüfmethode sind beigegeben.

Eßlingen/Neckar, 1938   Georg Reicherter

Vorwort zur 2. Auflage

Die überaus starke Nachfrage aus Industriekreisen nach dem Handbuch hat uns bewiesen, daß es richtig war, den Schwerpunkt des Buches auf die Anwendungsmöglichkeiten der drei genormten Verfahren nach Brinell, Vickers und Rockwell zu legen. Die Schrift soll kein Lehrbuch sein, sondern richtet sich in erster Linie an das Prüf- und Kontrollpersonal, dem die Grundbegriffe bereits geläufig sind und dem die Prüfbeispiele dieses Buches Anregungen für eine Erweiterung oder Vereinfachung der im eigenen Betrieb durchzuführenden Kontrollen geben soll.

Neu hinzugekommen sind in dieser zweiten Auflage die Kleinlastprüfungen nach Rockwell und Vickers. Ferner ist die Automatisierung in der Härteprüfung besonders berücksichtigt worden.

Im theoretischen Teil wurden die nach dem Erscheinen der ersten Auflage herausgekommenen neuen DIN-Blätter 50351, 50103 und 50133 zu Grunde gelegt und kommentiert; insbesondere wurden die Bezeichnungen auf die neuen Kurzzeichen umgestellt.

Wir hoffen, daß auch die zweite Auflage dazu beiträgt, im Betrieb die Wahl des jeweils zweckmäßigsten Prüfverfahrens zu erleichtern und bei dessen Durchführung Fehlerquellen zu vermeiden, um auf diese Weise zuverlässige Resultate zu erhalten.

Eßlingen/Neckar, 1958   Georg Reicherter

Montagehalle

Maschinenabnahmeraum

Konstruktionsbüro

Fräserei

Ausstellungs- und Vorführraum

Lehrlingswerkstatt

Inhaltsverzeichnis

Gruppe I   Die Kugeldruckhärteprüfung nach Brinell

Für die Brinellprüfung ist in den Deutschen Industrienormen das DIN-Blatt 50351 unter dem Titel

„Härteprüfung nach Brinell"

erschienen. Dieses Blatt wird mit Genehmigung des deutschen Normenausschusses nachstehend auszugsweise wiedergegeben:

Grundsätzliches

Bei der Brinellprüfung wird eine Kugel (Bild 1) vom Durchmesser D mit einer Last P in das zu prüfende Stück eingedrückt und der Durchmesser d des auf der Oberfläche nach der Entlastung hinterlassenen Eindruckes gemessen.

$$\text{Brinellhärte } HB = \frac{\text{Prüflast}}{\text{Oberfläche des Eindruckes}}$$

$$= \frac{2\,P}{\pi \cdot D\left(D - \sqrt{D^2 - d^2}\right)} \ [\text{kg/mm}^2],$$

wobei bedeutet:

P = Prüflast   [kg]
D = Durchmesser der Kugel   [mm]
d = Durchmesser des Eindruckes [mm]

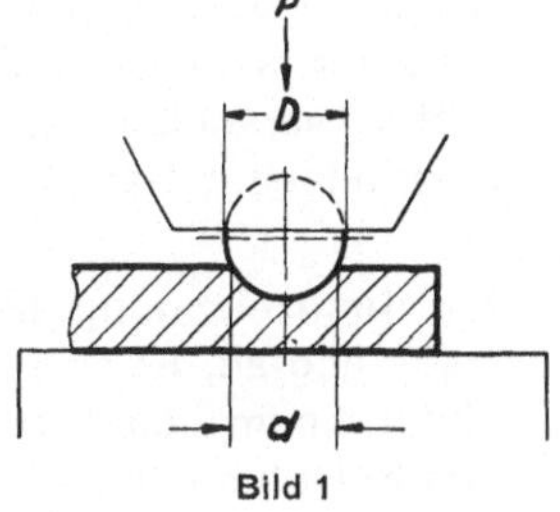

Bild 1

Versuchsausführung

1. Die Prüffläche muß senkrecht zur Druckrichtung liegen. Die Belastung der Kugel ist stoßfrei und gleichmäßig (in etwa 10 s) auf die Prüflast zu steigern. Die Einwirkungsdauer der Prüflast beträgt 10 s für alle metallischen Werkstoffe, sofern sie nicht stark fließen, wie z. B. Blei, Zink und ihre Legierungen. Für sie ist die Einwirkungsdauer zu mindestens 30 s zu wählen.

Versuchsbedingungen

2. Die Oberfläche des zu prüfenden Stückes muß eben und metallisch blank sein.

3. Es werden gehärtete Stahlkugeln oder Hartmetallkugeln von 10, 5 und 2,5 mm ø (zulässige Abweichung $\pm\,^1/_2\%$) verwendet.

4. Die Belastung für die verschiedenen Kugeln ist so zu wählen, daß der Durchmesser des Kugeleindrucks $d = 0,2$ bis $0,7\ D$ wird.

Kugel-durchmesser D mm	Belastung P kg für die Belastungsgrade					
	$30\ D^2$	$10\ D^2$	$5\ D^2$	$2,5\ D^2$	$1,25\ D^2$	$0,5\ D^2$
10	3000	1000	500	250	125	50
5	750	250	125	62,5	31,25	12,5
2,5	187,5	62,5	31,25	15,625	7,8125	3,125

In der Regel wird Stahl mit einer Belastung von $30\ D^2$ geprüft, Nichteisenmetalle und ihre Legierungen mit $10\ D^2$. Vergleichbar sind nur die bei gleichem Belastungsgrad (z. B. $30\ D^2$) mit Kugeln verschiedenen Durchmessers (senkrechte Spalten) gewonnenen Ergebnisse; die gleiche Kugel gibt bei verschiedenen Belastungen (waagerechte Zeilen) meist nicht übereinstimmende Härtewerte.

5. Zur Kennzeichnung der angewendeten Versuchsbedingungen werden Belastungsgrad, Kugeldurchmesser und Belastungsdauer dem Zeichen HB hinter einem Schrägstrich auf gleicher Zeile angefügt, Kugeldurchmesser und Belastungsdauer aber nur, wenn sie nicht gleich 10 mm und 10 s sind.

6. Für eine Probe von gegebener Dicke sind der Kugeldurchmesser und die zugehörige Belastung so zu wählen, daß auf der Rückseite der Probe keinerlei Verformung sichtbar wird. Soll die Härte einer dünnen Oberflächenschicht, bei der die Gefahr des Durchdrückens besteht, gemessen werden, so ist die Härteprüfung nach Vickers oder nach einem entsprechenden anderen Verfahren auszuführen, das mit geringerer Eindringtiefe arbeitet.

7. Im allgemeinen soll der Abstand der Eindruckmitte vom Rande des Probestückes und der Abstand der Eindruckmitten zweier benachbarter Eindruckstellen mindestens 2 d betragen. Der Versuch muß derart durchgeführt werden, daß keine das Ergebnis beeinflussenden Nebenerscheinungen wie Ausbeulen des Randes oder Werfen des Versuchsstückes, auftreten.

8. Wenn eine Kugel eine Verformung oder Beschädigung zeigt, so ist der Versuch ungültig und die Kugel durch eine neue zu ersetzen.

Versuchsauswertung

9. Der Eindruckdurchmesser ist in hundertstel Millimetern anzugeben. Bei unrunden Eindrücken ist der Mittelwert aus zwei senkrecht zueinander stehenden Durchmessern zu nehmen.

10. Maßgebend ist der Mittelwert von mindestens zwei Eindrücken.

Anwendungsbereich

11. Der Brinellversuch mit Stahlkugel ist nur für Werkstoffe mit einer Brinellhärte bis zu 400 anzuwenden. Bei höherer Härte ist die Härteprüfung entweder mit Hartmetallkugel, oder zweckmäßiger nach Vickers mit Diamantpyramide (siehe DIN 50133), oder nach einem entsprechenden anderen Verfahren vorzunehmen.

Anmerkung

Zwischen der Brinellhärte HB und der Zugfestigkeit σ_B bestehen nur angenäherte Beziehungen. Für Stahl ist in den meisten Fällen

$$\sigma_B \approx 0{,}35 \ \text{HB } 30.$$

Diese Beziehung gibt nur Richtwerte und besagt nicht, daß der Brinellversuch den Zugversuch ersetzen kann, wenn letzterer vorgeschrieben ist.

Kommentar zum DIN-Blatt 50 351

Es erscheint zweckmäßig, dieses DIN-Blatt dem Betriebsmann, und besonders dem Benutzer von REICHERTER-Härteprüfmaschinen, näher zu erläutern.

Zum Grundsätzlichen

Das früher nur getrennt von einer Brinellpresse durch eine Meßlupe oder ein Meßmikroskop durchgeführte Ausmessen der Eindruckdurchmesser ist heute bei Geräten mit eingebauter Optik entweder durch Einblickmikroskop oder durch Projektion des Eindruckes auf eine Mattscheibe sofort innerhalb der Maschine möglich.

Zu 1. Der Forderung, daß der Prüfdruck senkrecht auf die Prüffläche gerichtet sein soll, wird bei nicht planparallelen Prüflingen durch Kugeltisch oder andere Sonderauflagevorrichtungen Rechnung getragen. Die Gleichmäßigkeit der Belastungssteigerung wird je nach Konstruktion durch Ölbremsen, motorischen Antrieb, oder ein hydraulisches Getriebe gewährleistet. Federbelastete Maschinen sind auch gegen Erschütterungen in der Nähe der Prüfmaschine unempfindlich und erlauben vor allem bei automatischer Arbeitsweise ein schnelles Tempo, da keine schädlichen Massenwirkungen auftreten können. Dies gilt auch für Maschinen mit hydraulischem Antrieb. Die im Normblatt genannten Zeiten für das Aufbringen und die Dauer der Belastung können insbesondere bei der Prüfung von Stahlteilen erheblich verringert werden, ohne daß sich falsche Härtewerte ergeben. Erst unter 5 s Belastungsdauer ist eine Korrektur vorzunehmen.
Bild 2 zeigt, um wieviel Prozent die Ergebnisse zu hoch ausfallen, wenn z. B. mit 5 oder 1 s Belastungsdauer geprüft wird. Bei stark fließenden

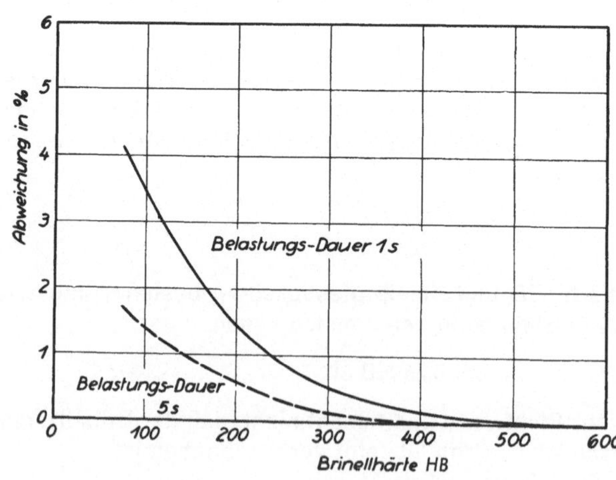

Bild 2

Einfluß der Belastungsdauer auf die Ergebnisse der Brinellprüfung bei Stahl

Werkstoffen wird empfohlen, sich nicht nur an die 30 s Mindestbelastungszeit der DIN-Vorschrift zu halten, sondern darüber hinaus eine ganz bestimmte Belastungszeit festzulegen und einzuhalten, um wenigstens zuverlässige Vergleichsprüfungen zu ermöglichen.

Zu 2. Je besser die Forderung nach einer ebenen und metallisch blanken Oberfläche erfüllt ist, desto genauer sind die Meßergebnisse. Während man im Laboratorium in besonderen Fällen auf blank polierten ebenen Flächen prüfen wird, kann z. B. in der Vergüterei eine mit Handapparat angeschliffene Prüfstelle ausreichend sein. Werden durch geringe Unebenheiten die Eindrücke nicht kreisrund, so gewährleisten die unter 9. und 10. vorgeschriebenen zusätzlichen Messungen ausreichend genaue Mittelwerte. Der erforderliche Gütezustand der Prüfflächen muß der Belastung und dem Kugeldurchmesser angepaßt sein. Je kleiner also Belastung oder Kugeldurchmesser sind, desto sorgfältiger muß die Prüfstelle vorbereitet werden.

Bei der Serienprüfung gegossener oder gesenkgeschmiedeter Werkstücke erleichtert man sich die Arbeit des Anschleifens erheblich durch **Anbringen einer ca. 5 mm hohen runden oder viereckigen Warze von etwa 25 mm Breite an der Prüfstelle.** Dadurch wird nicht nur der Anschliff leichter, schneller und besser möglich, sondern die Warze dient bei der automatischen Prüfung (s. Seite 20) zugleich als Anschlagfläche, so daß ein scharfes Projektionsbild ohne besondere Feineinstellung gewährleistet ist.

Zu 3. Außer mit Durchmessern von 10, 5 und 2,5 mm werden auch Stahlkugeln mit 1,25 und 0,625 mm Durchmesser benutzt, und zwar besonders für die Prüfung gehärteten Stahles bis zu einer Härte von etwa 400 HB. Darüber hinaus finden Hartmetallkugeln Verwendung.

Zu 4. Bei einer Brinellprüfung über 450 HB hinaus werden die Eindrücke sehr flach und schwer auszumessen; $d = 0{,}3\,D$ sollte daher möglichst nicht unterschritten werden. Außerdem ist hierbei, selbst bei Verwendung von Hartmetallkugeln, ein Abplatten der Kugeln und dadurch ein fehlerhaftes Resultat zu befürchten. Daher wendet man bei Härten über 450 HB besser eine Prüfung nach Vickers oder Rockwell an.

Wenn dünnes Material wie Feinbleche oder Bänder aus Stahl oder NE-Metallen, dünne Rohre oder Hülsen nach Brinell geprüft werden müssen, ist die Benutzung kleiner Prüfkugeln und niedriger Prüfdrücke unerläßlich; denn der Eindruckdurchmesser soll zwischen 0,2 und 0,7 des Kugeldurchmessers liegen. Die nachstehende Tabelle stellt eine Erweiterung der DIN-Tabelle unter 4. dar, und zwar durch Hinzufügen noch kleinerer Kugeldurchmesser. Außerdem haben wir im Tabellenkopf für die verschiedenen Belastungsgrade die dazugehörigen Härtebereiche und die in Frage kommenden Werkstoffarten angegeben.

Belastung P in kg und Kurzbezeichnungen bei

Kugel-durchm. D in mm	30 D² für Stahl und Guß HB = 450—67	10 D² für Messing und Alu vergütet HB = 315—22	5 D² für Aluminium HB = 158—11	2,5 D² für Lager-metalle HB = 79—6	1,25 D² für Kupfer- und Blei-legierungen HB = 39—3	0,5 D² für Blei HB = 16—1
10	3000 HB 30	1000 HB 10	500 HB 5	250 HB 2,5	125 HB 1,25	50 HB 0,5
5	750 HB 30 5	250 HB 10 5	125 HB 5 5	62,5 HB 2,5 5	31,25 HB 1,25 5	12,5 HB 0,5 5
2,5	187,5 HB 30 2,5	62,5 HB 10 2,5	31,25 HB 5 2,5	15,62 HB 2,5 2,5	7,81 HB 1,25 2,5	3,12 HB 0,5 2,5
1,25	46,88 HB 30 1,25	15,62 HB 10 1,25	7,81 HB 5 1,25	3,91 HB 2,5 1,25	1,95 HB 1,25 1,25	—
0,625	11,72 HB 30 0,625	3,91 HB 10 0,625	1,95 HB 5 0,625	0,98 HB 2,5 0,625	—	—

Bei der Auswahl der günstigsten Kombinationen zwischen Kugelgröße und Prüfdruck ist zu beachten, daß gleiche Meßergebnisse nur bei homogenem Material und nur dann zu erwarten sind, wenn bei gleichen Belastungsgraden, also mit Belastungen in der gleichen senkrechten Tabellenspalte geprüft wird. Belastungsänderungen bei gleichem Kugeldurchmesser, also innerhalb einer waagrechten Tabellenzeile ergeben unterschiedliche Härtewerte.

Zu 5. Der früher mit Hn bezeichnete Regelversuch mit 10 mm Kugel und 3000 kg Belastung wird nach DIN 50351 mit HB 30 bezeichnet, wobei die Zahl 30 den Belastungsgrad 30 D² bedeutet. Bei anderen Belastungsverhältnissen sind diese in nachstehender Reihenfolge anzugeben:

HB 5/2,5—30

dabei bedeutet   5:   Belastungsgrad 5 D²

     2,5:   Kugeldurchmesser 2,5 mm

     30:   Belastungszeit 30 s

Aus der Tabelle zu 4. ist ersichtlich, daß die Belastung bei vorstehendem Beispiel 31,25 kg beträgt. Es kann auch die Schreibart, wie in der Tabelle,

$$\frac{\text{HB 5}}{2,5-30}$$

gewählt werden.

Während der Belastungsgrad immer angegeben werden muß, hier also HB 5, sind die zweite Zahl (Kugeldurchmesser) und die dritte Zahl (Belastungsdauer) nur dann hinzuzufügen, wenn der Kugeldurchmesser nicht 10 mm und die Belastungsdauer nicht 10 s betragen. Nachstehend einige Beispiele:

	Belastungsgrad	Kugeldurchmesser mm	Belastung kg	Belastungszeit s
1. HB 2,5—25 oder $\dfrac{\text{HB 2,5}}{25}$ bedeutet:	2,5 D²	normal 10	250	25
2. HB 10/2,5 oder $\dfrac{\text{HB 10}}{2,5}$ bedeutet:	10 D²	2,5	62,5	normal 10
3. HB 30/5—20 oder $\dfrac{\text{HB 30}}{5-20}$ bedeutet:	30 D²	5	750	20

In der Tabelle zu 4) ist unter den jeweiligen Belastungen die entsprechende Kurzbezeichnung angegeben, die ohne weitere Zusätze für die normale Belastungsdauer von 10 s gilt.
Bei anderen Belastungszeiten ist nach einem waagrechten Strich hinter dem Kugeldurchmesser noch die vorgeschriebene Zeit in Sekunden hinzuzufügen.

Zu 6. Damit ein Durchdrücken bei dünnen Prüflingen vermieden wird, dürfen die Kugeldurchmesser und Belastungen nicht zu groß gewählt werden. Aus dem Anhang Seite *3*, können für die verschiedenen Belastungsgrade und Härten die Mindeststärken der Werkstoffproben entnommen werden. Ein 4 mm starkes Stahlblech, das etwa 150 HB hat, muß mit dem Belastungsgrad 30 D² geprüft werden. Es wäre hierbei die Benutzung einer 5 mm Kugel bei 750 kg Belastung möglich, da laut Tabelle eine Mindeststärke von 3,2 mm ausreicht. Ist dagegen das Blech nur

Stahl
P=30D²
HB
260 250 240 230 220 210 200 190 180 170 160 150 140 130 120 110 100 90 80 70 60 50 40 30 20 10 0
0 0,625 1,25 2,5 5 10
mm Kugel ø
Messing
P=10D²
HB
260 250 240 230 220 210 200 190 180 170 160 150 140 130 120 110 100 90 80 70 60 50 40 30 20 10 0
0 0,625 1,25 2,5 5 10
mm Kugel ø
Leichtmetall
P=5D²
HB
Werkstück 1 und 2
120 110 100 90 80
Werkstück 3 und 4
120 110 100 90 80
Werkstück 5 und 6
120 110 100 90 80
Werkstück 7 und 8
120 110 100 90 80
Werkstück 9 und 10
120 110 100 90 80
0 0,625 1,25 2,5 5 10
mm Kugel ø

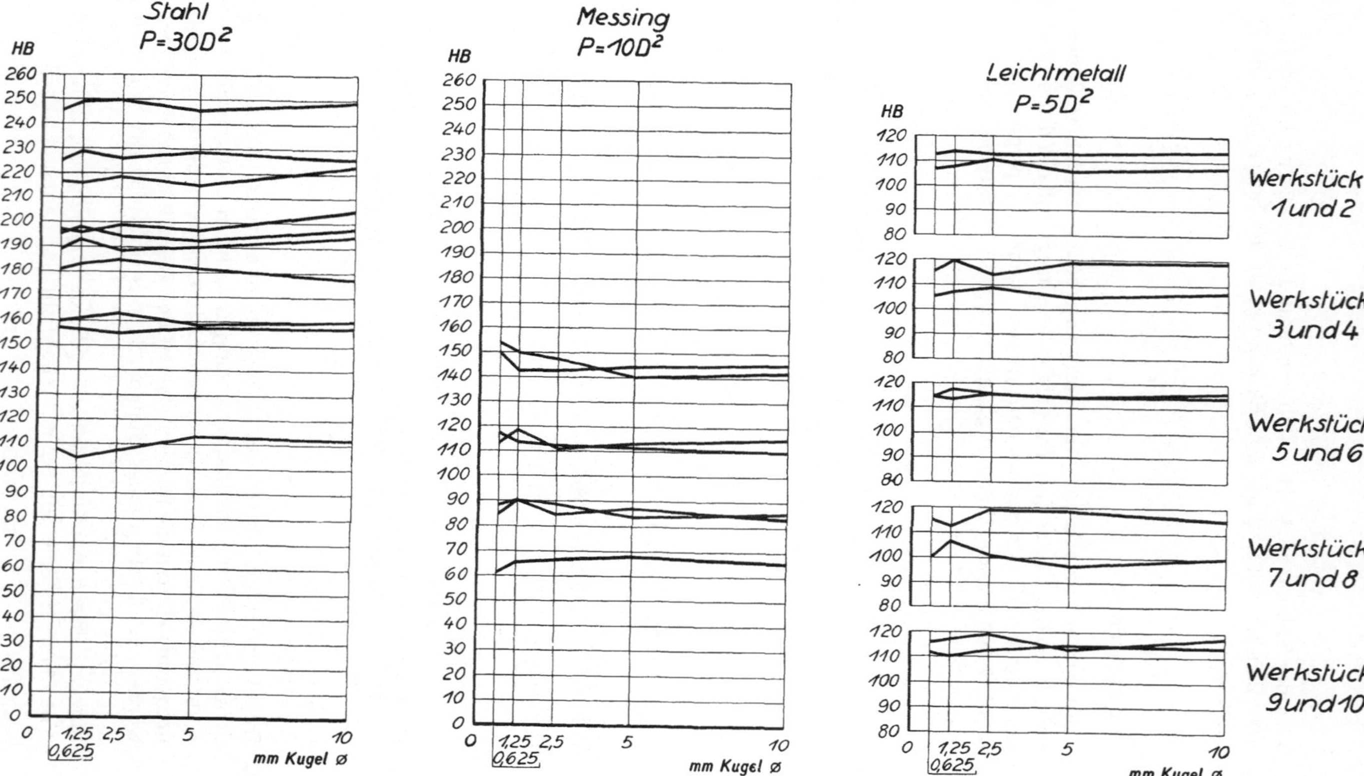

Bild 3

2 mm stark, so würde es sich durchdrücken und die Folge wären falsche Härtewerte. Prüft man dieses dünne Blech dagegen innerhalb der 30-D²-Reihe mit 2,5-mm-Kugel bei 187,5 kg Belastung, so wird die Messung einwandfrei, da jetzt laut Tabelle schon 1,6 mm Stärke ausreichend sind. Auf jeden Fall ist die früher verschiedentlich angewandte Methode, mehrere Bleche aufeinanderzulegen und das oberste zu prüfen, als nicht einwandfrei abzulehnen. Auch für dünnwandige Rohre aus Stahl oder NE-Metallen sind auf den Tabellenseiten *6* und *7* die Mindestwandstärken angegeben. Eine elastische Durchbiegung der Prüflinge während der Prüfung ist bei der Brinell- und auch bei der Vickersprüfung im allgemeinen ohne Einfluß auf das Meßergebnis, da die Belastung solange fortgesetzt wird, bis die volle Last aufgebracht ist. Diese Durchbiegung darf natürlich nicht größer sein, als es die Konstruktion der benutzten Maschine zuläßt. In diesem Fall, oder wenn sogar bleibende Formänderungen zu befürchten sind, müssen geeignete Abstützvorrichtungen benutzt werden. Näheres darüber ist in den Prüfbeispielen zu finden.

Zu 7. Nicht nur das Durchdrücken auf der Unterseite, sondern auch das in Punkt 7 erwähnte seitliche Ausbeulen oder Werfen der Prüflinge kann dazu zwingen, kleinere Kugeln und Belastungen zu wählen. Hierbei ist, wie bereits erwähnt, stets der gleiche Belastungsgrad einzuhalten. Die Kurven in Bild 3 lassen erkennen, daß bei den verschiedensten Werkstoffen die Prüfung über den ganzen Bereich eines Belastungsgrades praktisch gleiche Härtewerte ergibt. Voraussetzung für die Erzielung dieses Ergebnisses sind homogene Prüflinge.

Zu 8. Die Forderung nach Auswechselung beschädigter Kugeln ist eigentlich eine Selbstverständlichkeit. Die Ausmessung der Eindrücke mit Mikroskopen oder auf der Mattscheibe bei Projektionsoptiken läßt häufig schon erkennen, ob eine Beschädigung der Kugel vorliegt.

Zu 9. Die Forderung, auf 0,01 mm ablesen zu können, schließt die Verwendung der früher erwähnten Meßlupen für die meisten Belastungsverhältnisse aus. Bei den kleinen Drücken und Kugeln ist sogar eine Ablesung auf 0,001 mm ratsam. In unseren Härtezahlentabellen haben wir ab 1,25 mm Kugel die Eindruckdurchmesser in 0,01 mm angegeben. Bei größeren Kugeln können erforderlichenfalls die Zwischenwerte leicht interpoliert werden.
Während genau vertikale Werkstückbewegungen während der Brinellprüfung keinen nachteiligen Einfluß auf die Güte des Eindrucks und die Genauigkeit der Ablesung haben, müssen seitliche Bewegungen des

Prüflings unter allen Umständen vermieden werden. Beschädigte Eindruckskanten oder unrunde Eindrücke wären die Folge. Die Auswertung eines solchen Eindrucks durch mehrere Messungen würde nicht immer einen zutreffenden Härtewert ergeben. Wenn unzulässige Werkstückbewegungen zu befürchten sind, wird daher zweckmäßig mit Einspannung der Prüflinge gearbeitet. Die meisten REICHERTER-Prüfmaschinen besitzen eine derartige Spannvorrichtung.
Maschinen mit Projektionsoptik gestatten bei einer Serien- oder Massenprüfung die Verwendung von Toleranzscheiben, mit denen sich die Ausmessung der einzelnen Eindrücke erübrigt. Näheres hierüber ist im Abschnitt „Auswertung der Brinell- und Vickerseindrücke" nachzulesen.

Zu 10. Eindrücke auf nicht ebenen Prüfflächen werden unrund, aber wenn die Abweichung von der Kreisform nicht zu groß ist, geben die geforderten zwei Messungen einen guten Mittelwert. Soweit keine besonderen Vorschriften bestehen, ist hiermit auszukommen. Betriebsmäßig, besonders bei geringeren Anforderungen an die Genauigkeit genügt sogar häufig eine einzige Messung am Eindruck.

Zu 11. Da die Brinellprüfung mit Stahlkugeln bei Härten über 400 HB nicht mehr anwendbar und über 450 HB selbst mit Hartmetallkugeln nicht mehr empfehlenswert ist (siehe zu 4.), wird bei größerer Härte besser eine Vickers- oder Rockwellprüfung vorgenommen, wenn das Werkstück eine solche Prüfung zuläßt. Bei anderen Verfahren ist von Fall zu Fall zu untersuchen, welche Unsicherheitsfaktoren die Zuverlässigkeit der Ergebnisse beeinträchtigen können. Ihre Behandlung geht jedoch über den Rahmen dieses Buches hinaus.

Zur Anmerkung

Der angegebene Umrechnungswert von HB auf die Zugfestigkeit σ_B läßt sich noch aufgliedern, und zwar kann man annehmen

für Kohlenstoffstahl (mit Zugfestigkeiten von 30—100 kg/mm²):

$$\sigma_B \approx 0{,}36\ HB$$

für legierten Chromnickelstahl (mit Zugfestigkeiten von 65—100 kg/mm²):

$$\sigma_B \approx 0{,}34\ HB$$

Es wird nachdrücklich darauf hingewiesen, daß eine derartige Umrechnung für Guß jeder Art und für NE-Metalle nicht möglich ist. Allenfalls für Duralumin ist eine solche einfache Beziehung noch vorhanden. Für alle anderen Fälle jedoch ist der Zugversuch nicht durch eine Härteprüfung zu ersetzen. Aber auch bei kaltverformten Werkstoffen, wie z. B. gewalztem Blech oder gezogenem Material, bei dem Oberfläche und Kern verschiedene Härten aufweisen, ergibt die Umrechnung aus der Oberflächenhärte falsche Werte, weil die Kernhärte hierbei keine Berücksichtigung findet. Hier können nur empirische Werte durch Vergleichsversuche geschaffen werden.

Verfügbare Reicherter-Brinell-Härteprüf-Maschinen

Zur Ausführung von Kugeldruckprüfungen nach Brinell stehen aus unserem Fertigungsprogramm nachstehende Maschinen zur Verfügung:

Maschinen mit Projektionsoptik

1. „BRIVISKOP 3000 H"   für Handbetätigung
2. „BRIVISKOP 3000 D"   mit halbautomatischer Arbeitsweise
3. „BRIVISKOP 187,5"   für geringere Prüflasten
4. „BRIVISKOP 250"   für geringere Prüflasten
5. „BRIVISKOP 115"   für schwere und sperrige Prüflinge
6. „BRIVISKOP 116"   für schwere und sperrige Prüflinge
7. „BRIVISKOP 121"   für lange, durchlaufende Prüflinge
8. „BRIVISKOP 130"   Radial-Maschinen-Bauart

Maschinen mit Einblickoptik

9. „BRIVISOR 3000"   für große Prüflasten
10. „BRIVISOR 250"   für kleinere Prüflasten
11. „BRIVISOR 62,5"   für kleinere Prüflasten
12. „BRIVISOR IN"   auch für Innenprüfung
13. „BRIVISOR IN 750"   auch für Innenprüfung

Tragbare Geräte

14. „BRIVISOR VHT 2"   für Schienenprüfung
15. „BRIVISOR VHT 3"   für Profilmaterial
16. „BRIVISOR VHT 4"   zur Verwendung auf Werkzeugmaschinen

Grundsätzlich ist zu diesen Maschinen folgendes zu sagen:

Bei den Maschinen 1—13 sind Belastungseinrichtung und Optik eingebaut, während bei den Maschinen 14—16 Belastungseinrichtung und Optik gegeneinander ausgewechselt werden. Sämtliche „BRIVISKOPE" besitzen Federbelastungseinrichtungen, die durch Einstellung von Anschlägen schnell und genau eine Umstellung der Prüfdrücke ermöglichen. Nur das BRIVISKOP 3000 D besitzt gegeneinander auswechselbare Belastungsfedern. Auch die BRIVISOREN, mit Ausnahme der Größen 3000 und IN 750, arbeiten mit Belastungsfedern. Besonders in nicht erschütterungsfreien Betrieben und bei schnellem Ablauf der Prüfvorgänge besteht bei Gewichtsbelastung die Gefahr falscher Resultate, da auftretende Massenkräfte zu große Eindrücke und damit zu niedrige Härtewerte ergeben, was bei der praktisch masselosen Federbelastung nicht vorkommen kann. Da ein Wechsel der Prüflasten nicht ständig vorgenommen wird, ist die Dauer der Umstellung von viel geringerer Bedeutung als die Dauer des eigentlichen Prüfvorganges, der bei Federbelastung durch die nicht vorhandene schädliche Massenwirkung viel schneller durchführbar ist. Die „BRIVISKOPE" besitzen eine selbsttätig ein- und ausschwenkbare Belastungseinrichtung und eine fest angeordnete Optik, so daß alle Eindruckbilder stets an genau der gleichen Stelle der Mattscheibe erscheinen. Bei Massenprüfungen können diese Eindrücke mit Hilfe von Toleranzscheiben schnell ausgewertet werden (Seite 126). Gleichzeitig ist dadurch auch die Möglichkeit gegeben, mit Hilfe der Meßskala auf der Mattscheibe die Prüfstelle vorher genau zu bestimmen. Bei Einzelauswertung durch Mikrometerschraube sind je nach Stärke der Optik Ablesungen bis zu 0,01 oder 0,001 mm möglich.
Bei den „BRIVISOREN" sind die gleichen Meßgenauigkeiten durch eingebaute monokulare Mikroskope zu erreichen. Die Ablesung der Werte geschieht auf der Skala im Blickfeld. Die mit Ölbremse ausgestatteten Maschinen Nr. 3—5, 9 und 13 gestatten eine stufenlose Regelung der Belastungsgeschwindigkeit.
Beim „BRIVISKOP 3000 D" können Prüf- und Einlegezeit unabhängig voneinander hydraulisch und stufenlos in weiten Grenzen geregelt werden. Bei handbetätigten Maschinen ist eine Zeitschaltuhr lieferbar, wenn eine bestimmte Belastungszeit genau eingehalten werden muß. Die ortsfesten und handbetätigten „BRIVISKOPE" und „BRIVISOREN" können gleichzeitig zur Vornahme von Vickersprüfungen benutzt werden (siehe Gruppe III).

Brinellwerte durch Tiefenmessung?*

Alle vorerwähnten Maschinen arbeiten nach dem klassischen Brinellverfahren mit Auswertung des Eindruck-Durchmessers. Im Gegensatz dazu steht das Verfahren, die Brinellhärte durch Messung der Kugeleindringtiefe zu ermitteln. Dazu ist grundsätzlich zu sagen, daß die bei Brinellprüfungen berücksichtigte mehr oder weniger starke Randwulstbildung bei der Tiefenmessung unberücksichtigt bleibt. Ferner läßt sich die nur einen Bruchteil des Durchmessers betragende Eindringtiefe nicht mit der gleichen Genauigkeit ausmessen und außerdem wird sie durch die starke elastische Verformung von Kugel und Prüfling an der tiefsten Stelle des Eindrucks wesentlich stärker beeinflußt als der Durchmesser, der am nicht so stark elastisch verformten Rand des Eindruckes gemessen wird.

Diese Tatsachen lassen es als aussichtslos erscheinen, ohne vorherige Vergleichsmessungen einzelne Härtewerte durch Tiefenmessung zu ermitteln.

Tatsächlich beschränkt man sich in der Praxis darauf, dieses Verfahren nur für die Serienprüfung einzusetzen, bei der die Einhaltung einer bestimmten Toleranz, nicht aber die effektiven Härtewerte ermittelt werden sollen.

In diesem Falle wären durch die vorerwähnten Vergleichsmessungen nur die Toleranzgrenzen festzulegen. Wenn man sich nicht darauf verlassen kann, daß Werkstoff und Behandlung der ganzen Serie gleich ist, muß bei dieser Arbeitsweise damit gerechnet werden, daß sich sogar bei planparallel geschliffenen Werkstücken Streuungen bis zu $\pm 7\%$ vom tatsächlichen Brinellhärtewert ergeben können. Läßt man die Oberfläche unbearbeitet, so sind sogar Streuungen bis zu $\pm 9\%$ möglich. Meistens sind aber auch die unteren Auflageflächen unbearbeitet und uneben, so daß die erreichten Genauigkeiten selbst für Serienprüfungen nicht als ausreichend bezeichnet werden können.

Aus diesem Grunde ist dieses Prüfverfahren nicht zu empfehlen, zumal automatische Maschinen verfügbar sind, die nach dem reinen Brinellverfahren bis auf die Zuführung und Sortierung, die bei großen Werkstücken grundsätzlich kaum möglich ist, automatisch arbeiten („BRIVISKOP 3000 D").

---

* S. Werkstatt und Betrieb Heft 5/1957. Dipl. Ing. Potyka: „Über die erzielbare Genauigkeit bei der Kugeldruck-Härteprüfung mit Messung der Eindringtiefe."

Bild 4   „BRIVISKOP 187,5 und 250"

Maschinenbeschreibung Gruppe I und III

Bezeichnung: Härteprüfmaschinen „BRIVISKOP 187,5 und 250"

Art der Prüfung: Brinell- und Vickersprüfung

Verwendungszweck: Universalprüfmaschine

BRINELLPRÜFUNG

Prüfbelastungen und Prüfkörper:

Kugeldurch-messer D in mm	Belastung P in kg			
	30 D²	10 D²	5 D²	2,5 D²
5	—	250*	125	62,5
2,5	187,5	62,5	31,2	15,62
1,25	46,9	15,6	7,81	3,91
0,625	11,7	3,91	1,953	0,977**

VICKERSPRÜFUNG

Prüfkörper Diamant-pyramide 136°	Belastung P in kg						
	120	100	80	60	50	40	30
	20	10	5	4	3	2	1**

* nur beim „BRIVISKOP 250"
** nur beim „BRIVISKOP 187,5"

Kurzbeschreibung: Belastungseinrichtung und Mikroskop sind in einer Maschine vereinigt. Die erzeugten Eindrücke werden mit 70facher (beim Briviskop 250 mit 42facher) Vergrößerung auf eine Mattscheibe projiziert und dort mit Hilfe eines Mikrometers ausgewertet. Ablesung von 0,001 mm. Bei Serienprüfung Verwendung von Toleranzscheiben. Federbelastung. Zwei Lastbereiche. Belastungseinstellung nach Skala. Regelung der Belastungsgeschwindigkeit durch Ölbremse. Für Einstellung der Belastungsdauer ist eine Schaltuhr lieferbar. Einspannung der Prüflinge mit regelbarer Einspannkraft.

Abmessungen und Gewichte:

Ausladung	mm	150
Größte Prüfhöhe	mm	250
Grundplatte	mm	260 × 520
Gewicht „BRIVISKOP 187,5"	etwa kg	150
„BRIVISKOP 250"	etwa kg	170

Bild 5   ,,BRIVISKOP 3000 H''

Maschinenbeschreibung Gruppe I und III

Bezeichnung:	Härteprüfmaschine ,,BRIVISKOP 3000 H''
Art der Prüfung:	Brinell- und Vickersprüfung
Verwendungszweck:	Universalprüfmaschine für hohe Prüflasten

Prüfbelastungen und Prüfkörper:

BRINELLPRÜFUNG

Kugeldurch-messer D in mm	Belastung P in kg			
	$30\ D^2$	$10\ D^2$	$5\ D^2$	$2,5\ D^2$
10	3000	1000	500	250
5	750	250	125	62,5
2,5	187,5	62,5	—	—

VICKERSPRÜFUNG

Prüfkörper Diamant-pyramide 136°	Belastung P in kg		
	120	100	80

Kurzbeschreibung: Belastungseinrichtung und Mikroskop sind in einer Maschine vereinigt. Die erzeugten Eindrücke werden mit 14facher Vergrößerung auf eine Mattscheibe projiziert und dort mit Hilfe eines Mikrometers ausgewertet. Ablesung von 0,01 mm. Bei Serienprüfung Verwendung von Toleranzscheiben. Federbelastung. Zwei Lastbereiche. Belastungseinstellung nach Skala. Für Einstellung der Belastungsdauer ist eine Schaltuhr lieferbar. Einspannung der Prüflinge. In zwei Größen lieferbar.

Abmessungen und Gewichte:

		Größe I	Größe II
Ausladung	mm	170	250
Größte Prüfhöhe	mm	400	500
Grundplatte	mm	350 × 680	350 × 860
Gewicht etwa	kg	390	520

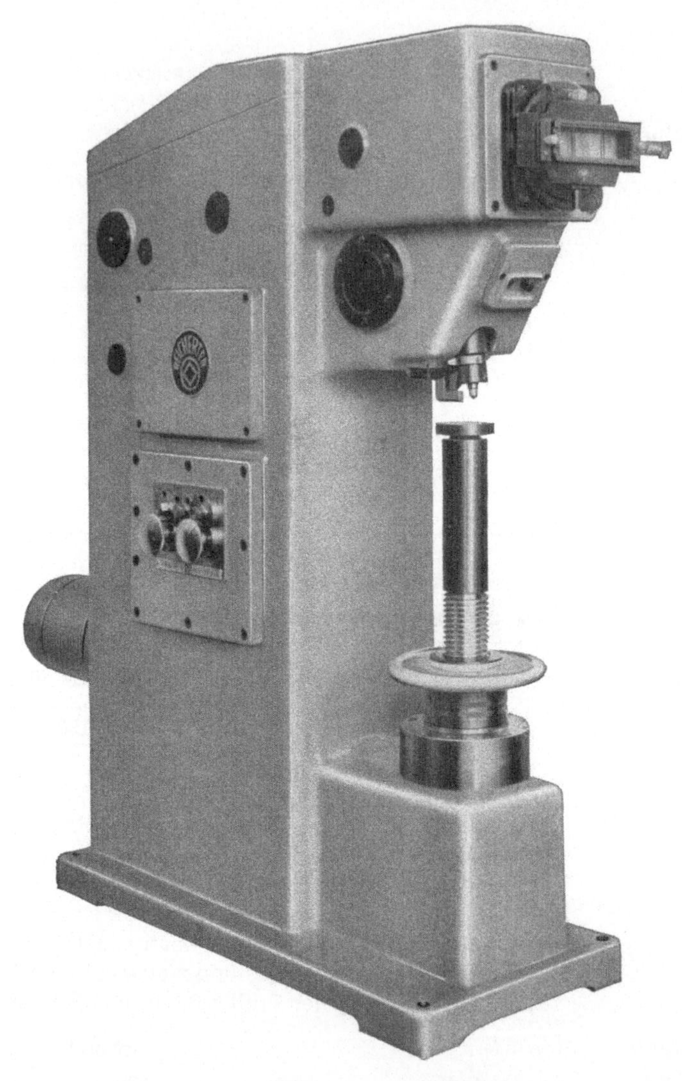

Bild 6   „BRIVISKOP 3000 D" Ausf. A

Maschinenbeschreibung Gruppe I und III

Bezeichnung: Halbautomatische Härteprüfmaschine „BRIVISKOP 3000 D"
Art der Prüfung: Brinell- und Vickersprüfung
Verwendungszweck: Prüfmaschine für Serienprüfungen

BRINELLPRÜFUNG

Prüfbelastungen und Prüfkörper:

Kugeldurch-messer D in mm	Belastung P in kg			
	30 D²	10 D²	5 D²	2,5 D²
10	3000	1000	500	250
5	750	250	125	—
2,5	187,5	—	—	—

Vickersprüfung mit 120 kg möglich

Kurzbeschreibung: Belastungseinrichtung und Mikroskop sind in einer Maschine vereinigt. Die erzeugten Eindrücke werden mit 14facher Vergrößerung auf eine Mattscheibe projiziert und dort mit Hilfe eines Mikrometers oder durch Toleranzscheiben ausgewertet. Ablesung von 0,01 mm. Elektro-hydraulischer Antrieb für das Ein- und Ausschwenken des Druckstückes, sowie für die Belastungseinrichtung, mit stufenloser Regelung für Belastungs- und Einlegezeit. Normal für kontinuierliche Arbeitsweise; mit Sonderschaltung zusätzlich für automatischen Ablauf einzelner Arbeitsspiele. Prüflaständerung durch schnell auswechselbare Belastungsfedern. Einspannung der Prüflinge gegen festen Anschlag. Lieferbar in zwei Ausführungen: A mit handbetätigtem und automatischem Spindelhub, B ohne automatischen Spindelhub. Jede Ausführung ist in zwei Größen lieferbar.

Abmessungen und Gewichte:

Maschine		Ausführung A			Ausführ. B	
		Größe 1 K	Größe 1	Größe 2	Größe 1	Größe 2
Ausladung	mm	150	200	200	200	200
Größte Prüfhöhe	mm	200	300	400	400	500
Höhe der Maschine	mm	1250	1250	1350	1250	1350
Grundfläche	mm	360× 850	360× 840	360× 840	360× 840	360× 840
Leistungsbedarf	kW	0,8	0,8	0,8	0,8	0,8
Gewicht etwa	kg	720	590	610	580	600

Bild 7   ,,BRIVISKOP 115''

Maschinenbeschreibung Gruppe I und III

Bezeichnung: Härteprüfmaschinen „BRIVISKOP 115/70 und 115/42"
Art der Prüfung: Brinell- und Vickersprüfung
Verwendungszweck: Prüfmaschinen für sperrige Teile auf großem Winkeltisch, der zum Aufbau von Prüfvorrichtungen geeignet ist

Prüfbelastungen und Prüfkörper:

BRINNELLPRÜFUNG

Kugeldurch-messer D in mm	Belastung P in kg			
	30 D²	10 D²	5 D²	2,5 D²
5	—	250*	125	62,5
2,5	187,5	62,5	31,2	15,6
1,25	46,9	15,6	7,81	3,91
0,625	11,7	3,91	1,953	0,977**

VICKERSPRÜFUNG

Prüfkörper Diamant-pyramide 136°	Belastung P in kg						
	120	100	80	60	50	40	30
	20	10	5	4	3	2	1**

* nur beim „BRIVISKOP 115/42"
** nur beim „BRIVISKOP 115/70"

Kurzbeschreibung: Belastungseinrichtung und Mikroskop sind in einer Maschine vereinigt. Die erzeugten Eindrücke werden mit 70- bzw. 42facher Vergrößerung auf eine Mattscheibe projiziert und dort mit Hilfe eines Mikrometers ausgewertet. Ablesung von 0,001 mm. Federbelastung. Zwei Lastbereiche. Belastungseinstellung nach Skala. Regelung der Belastungsgeschwindigkeit durch Ölbremse. Für Einstellung der Belastungsdauer ist eine Schaltuhr lieferbar. Einspannung der Prüflinge. Großer Winkeltisch, durch Gegengewicht ausgeglichen. Im übrigen ähnlich „BRIVISKOP 187,5/250".

Abmessungen und Gewicht:

Ausladung	mm	200
Größte Prüfhöhe	mm	500
Tischfläche	mm	320 × 800
Grundplatte	mm	380 × 690
Höhe der Maschine	mm	1250
Gewicht etwa	kg	700

Bild 8   „BRIVISKOP 116"

Maschinenbeschreibung Gruppe I und III

Bezeichnung: Härteprüfmaschine „BRIVISKOP 116"

Art der Prüfung: Brinell- und Vickersprüfung

Verwendungszweck: Maschine zur Prüfung sperriger Teile auf großem Winkeltisch, der auch zum Aufbau von Prüfvorrichtungen geeignet ist

Prüfbelastungen und Prüfkörper:

BRINELLPRÜFUNG

Kugeldurch-messer D in mm	Belastung P in kg			
	30 D²	10 D²	5 D²	2,5 D²
10	3000	1000	500	250
5	750	250	125	62,5
2,5	187,5	62,5	—	—

VICKERSPRÜFUNG

Prüfkörper Diamant-pyramide 136°	Belastung P in kg		
	120	100	80

Kurzbeschreibung: Belastungseinrichtung und Mikroskop sind in einer Maschine vereinigt. Die erzeugten Eindrücke werden mit 14facher Vergrößerung auf eine Mattscheibe projiziert und dort mit Hilfe eines Mikrometers ausgewertet. Ablesung von 0,01 mm. Federbelastung. Zwei Lastbereiche. Belastungseinstellung nach Skala. Für Einstellung der Belastungsdauer ist eine Schaltuhr lieferbar. Einspannung der Prüflinge. Großer Winkeltisch, durch Gegengewicht ausgeglichen. Im übrigen ähnlich „BRIVISKOP 3000 H".

Abmessungen und Gewicht:

Ausladung	mm	250
Größte Prüfhöhe	mm	750
Tischfläche	mm	420 × 1000
Grundplatte	mm	800 × 450
Höhe der Maschine	mm	2800
Gewicht etwa	kg	1800

Bild 9   „BRIVISKOP 121" Ausf. 1

Maschinenbeschreibung Gruppe I und III

Bezeichnung: Härteprüfmaschinen „BRIVISKOP 121"
Art der Prüfung: Brinell- und Vickersprüfung
Verwendungszweck: Sonderprüfmaschinen für große und sperrige Werkstücke, insbesondere durchlaufendes Material, wie Rohre, Bleche, Profilstäbe usw.

BRINELLPRÜFUNG

Prüfbelastungen und Prüfkörper:

Kugeldurchmesser D in mm	Belastung P in kg			
	30 D^2	10 D^2	5 D^2	2,5 D^2
10	3000	1000	500	250
5	750	250	125	62,5
2,5	187,5	62,5	—	—

VICKERSPRÜFUNG

Prüfkörper Diamantpyramide 136°	Belastung P in kg		
	120	100	80

Kurzbeschreibung: Belastungseinrichtung und Mikroskop sind in einer Maschine vereinigt. Die erzeugten Eindrücke werden mit 14facher Vergrößerung auf eine Mattscheibe projiziert und dort mit Hilfe eines Mikrometers ausgewertet. Ablesung von 0,01 mm. Bei Serienprüfung Verwendung von Toleranzscheiben. Federbelastung. Zwei Lastbereiche. Belastungseinstellung nach Skala. Für Einstellung der Belastungsdauer ist eine Schaltuhr lieferbar. Einspannung der Prüflinge. In zwei Größen lieferbar. Vertikale Führung des eigentlichen Prüfgerätes bei Größe 0 an kastenförmigem Gußständer, bei Größe I an zwei runden Führungssäulen. Verwendung von Rollenbahnen zum Durchlaufen der Werkstücke. Gewicht des Prüfgerätes durch Gegengewicht ausgeglichen. Im übrigen ähnlich „BRIVISKOP 3000 H".

Abmessungen und Gewichte:		Größe 0	Größe I
Ausladung	mm	125	250
Größte Prüfhöhe	mm	250	500
Grundplatte	mm	480 × 850	770 × 800
Gewicht etwa	kg	1200	1600

Bild 10   „BRIVISKOP 130"

Maschinenbeschreibung Gruppe I und III

Bezeichnung:	Radial-Härteprüfmaschine „BRIVISKOP 130"
Art der Prüfung:	Brinell- und Vickersprüfung
Verwendungszweck:	Prüfmaschine für größere Konstruktionsteile. Große Spannfläche auf Grundplatte und Tisch. Aufbau von Prüfvorrichtungen möglich.

Prüfbelastungen und Prüfkörper:

BRINELLPRÜFUNG

Kugeldurch-messer D in mm	Belastung P in kg			
	30 D²	10 D²	5 D²	2,5 D²
10	3000	1000	500	250
5	750	250	125	62,5
2,5	187,5	62,5	—	—

VICKERSPRÜFUNG

Prüfkörper Diamant-pyramide 136°	Belastung P in kg		
	120	100	80

Kurzbeschreibung: Belastungseinrichtung und Mikroskop sind in einer Maschine vereinigt. Die erzeugten Eindrücke werden mit 14facher Vergrößerung auf eine Mattscheibe projiziert und dort mit Hilfe eines Mikrometers ausgewertet. Ablesung von 0,01 mm. Federbelastung. Zwei Lastbereiche. Belastungseinstellung nach Skala. Für Einstellung der Belastungsdauer ist eine Schaltuhr lieferbar. Einspannung der Prüflinge mit regelbarer Einspannkraft. Radiale Bauart. Prüfgerät am Ausleger besitzt vier Bewegungsmöglichkeiten: Vertikal und horizontal (schwenkbar und ausfahrbar) und um eigene Achse drehbar. Höhenverstellung motorisch. Prüfeinrichtung im übrigen ähnlich „BRIVISKOP 3000 H."

Abmessungen und Gewicht:

Ausladung	mm	380— 860
Prüfhöhe mit Tisch	mm	0— 750
Prüfhöhe ohne Tisch	mm	500—1250
Aufspannfläche des Tisches	mm	500× 500
Aufspannfläche der Grundplatte	mm	810×1170
Grundfläche der Maschine	mm	810×1860
Höhe der Maschine	mm	2700
Gewicht etwa	kg	4000

Bild 11 ,,BRIVISOR 3000''

Maschinenbeschreibung Gruppe I und III

Bezeichnung: Härteprüfmaschine „BRIVISOR 3000"

Art der Prüfung: Brinell- und Vickersprüfung

Verwendungszweck: Universalprüfmaschine

BRINELLPRÜFUNG

Prüfbelastungen und Prüfkörper:

Kugeldurch-messer D in mm	Belastung P in kg			
	30 D²	10 D²	5 D²	2,5 D²
10	3000	1000	500	250
5	750	250	125*	62,5*
2,5	187,5	62,5*	—	—

VICKERSPRÜFUNG

Prüfkörper Diamant-pyramide 136°	Belastung P in kg			
	120	100*	80*	60*

* Sonderzubehör

Kurzbeschreibung: Gewichtsbelastungsmaschine mit Handhebelbetätigung. Belastungseinrichtung und Einblickmikroskop mit 25facher Vergrößerung in einer Maschine vereinigt. Beleuchtungseinrichtung im Mikroskop eingebaut. Ausmessen des in der Mikroskopachse liegenden Eindrucks nach Herausziehen des Druckstückes aus der optischen Achse auf 0,005 mm. Auswertung in jeder Richtung. Belastungsgeschwindigkeit durch Ölbremse regelbar. Auswertung verlangt keine feingeschliffene Oberfläche.

Abmessungen und Gewicht:

Ausladung	mm	125
Größte Prüfhöhe	mm	340
Grundplatte	mm	230 × 580
Gewicht etwa	kg	210

Bild 12   ,,BRIVISOR 62,5''

Maschinenbeschreibung Gruppe I und III

Bezeichnung: Härteprüfmaschinen „BRIVISOR 62,5 und 250"

Art der Prüfung: Brinell- und Vickersprüfung

Verwendungszweck: Sonderzweckprüfmaschinen

BRINELLPRÜFUNG

Prüfbelastungen und Prüfkörper:

Kugeldurch- messer D in mm	Belastung P in kg			
	30 D²	10 D²	5 D²	2,5 D²
5	—	250*	125*	62,5
2,5	187,5*	62,5	31,2	15,6
1,25	46,9	15,6	7,81**	3,91**
0,625	11,7	3,91**	—	—

VICKERSPRÜFUNG

Prüfkörper Diamant- pyramide 136°	Belastung P in kg				
	120*	100*	80*	60*	50
	40	30	20	10	5**

* nur beim „BRIVISOR 250"
** nur beim „BRIVISOR 62,5"

Kurzbeschreibung: Belastung durch auswechselbare Federn nach Wahl. Belastungseinrichtung und Einblickmikroskop mit 50facher Vergrößerung in einer Maschine vereinigt. Beleuchtungseinrichtung im Mikroskop eingebaut. Ausmessen des in der Mikroskopachse liegenden Eindrucks nach Herausziehen des Druckstückes aus der optischen Achse auf 0,005 mm. Auswertung in jeder Richtung. Auch angelassene oder brünierte Teile sind auszumessen.

Abmessungen und Gewicht:

Ausladung	mm		125
Größte Prüfhöhe	mm		300
Grundplatte	mm		210×610
Gewicht „BRIVISKOP 62,5" etwa	kg		60
„BRIVISKOP 250" etwa	kg		70

Bild 13   ,,BRIVISOR IN"

Maschinenbeschreibung Gruppe I und III

Bezeichnung: Härteprüfmaschine „BRIVISOR IN"

Art der Prüfung: Brinell- und Vickersprüfung

Verwendungszweck: Sonderprüfmaschine für Prüfungen in Bohrungen von Ringen, Pleuelstangen usw.

BRINELLPRÜFUNG

Prüfbelastungen und Prüfkörper:

Kugeldurch-messer D in mm	Belastung P in kg			
	30 D²	10 D²	5 D²	2,5 D²
2,5	—	62,5	31,2	15,6
1,25	46,9	15,6	7,81	3,91
0,625	11,7	3,91	—	—

VICKERSPRÜFUNG

Prüfkörper Diamant-pyramide 136°	Belastung P in kg				
	60	50	40	30	20
	10	5	4	3	—

Kurzbeschreibung: Belastung durch auswechselbare Federn nach Wahl. Belastungseinrichtung und Einblickmikroskop mit 50facher Vergrößerung in einer Maschine vereinigt. Ausmessen des in der Mikroskopachse liegenden Eindruckes nach Herausziehen des Druckstückes auf 0,005 mm. Auswertung in jeder Richtung. Großer vertikal verstellbarer Winkeltisch mit Zentrierung und Durchbruch für längere Teile, wie Pleuelstangen usw.

Abmessungen und Gewicht:

Größte Prüfhöhe	mm	200
Tischfläche	mm	200 × 350
Einfahrtiefe bei 22—34 mm Bohrungsdurchmesser	mm	38
Einfahrtiefe über 34 mm Bohrungsdurchmesser	mm	68
Grundfläche der Maschine	mm	230 × 360
Gewicht etwa	kg	70

Bild 14   „BRIVISOR IN 750"

Maschinenbeschreibung Gruppe I und III

Bezeichnung: Härteprüfmaschine ,,BRIVISOR IN 750''

Art der Prüfung: Brinell- und Vickersprüfung

Verwendungszweck: Universalprüfmaschine zur Außen- und Innenprüfung kleiner und großer Werkstücke

BRINELLPRÜFUNG

Prüfbelastungen und Prüfkörper:

Kugeldurch-messer D in mm	Belastung P in kg			
	30 D²	10 D²	5 D²	2,5 D²
10	—	—	500	250
5	750	250	125*	62,5*
2,5	187,5	62,5*	—	—

VICKERSPRÜFUNG

Prüfkörper Diamant-pyramide 136°	Belastung P in kg			
	120	100*	80*	60*

*) Sonderzubehör

Kurzbeschreibung: Gewichtsbelastete Maschine mit Handhebelbetätigung. Belastungseinrichtung und Mikroskop mit 25facher Vergrößerung in einer Maschine vereinigt. Ausmessen des in der Mikroskopachse liegenden Eindrucks nach Herausziehen des Druckstückes auf 0,005 mm. Auswertung in jeder Richtung. Großer Winkeltisch mit Längs- und Querverstellung. Ölbremse.

Abmessungen und Gewicht:

Größte Prüfhöhe	mm	250
Aufspanntisch: Fläche	mm	410 × 650
Längsverstellung	mm	200
Querverstellung	mm	100
Kleinstmögliche Bohrung	mm	55
Größte Einfahrtiefe	mm	100
Grundfläche der Maschine	mm	650 × 370
Gewicht etwa	kg	550

Bild 15   „BRIVISOR VHT 2"
Laufflächenprüfung

Bild 16   „BRIVISOR VHT 2"
Prüfung auf der Seite des Schienenkopfes

Maschinengruppe I

Bezeichnung:	Tragbarer Härteprüfer „BRIVISOR VHT 2"
Art der Prüfung:	Brinellprüfung
Verwendungszweck:	Sondergerät zur Schienenprüfung auf der Lauf- und Seitenfläche der Schienenköpfe
Prüfbelastung und Prüfkörper:	750 kg mit 5-mm-Kugel
Kurzbeschreibung:	Belastung durch Torsionsfeder. Belastungseinrichtung und 25fach vergrößerndes Einblickmikroskop sind gegeneinander auswechselbar. Befestigung auf den Schienen durch C-förmige Halter mit Schnellspanneinrichtung. Auswertung der Eindrücke in jeder Richtung auf 0,005 mm. Lieferung erfolgt in zwei Transportkästen, mit eingebauter Trockenbatterie zur Speisung des Lämpchens zur Beleuchtung des Kugeleindrucks.
Abmessungen und Gewicht:	Transportkästen mm 350×250×230 Gewicht einschl. der beiden Transportkästen kg 42

Bild 17   ,,BRIVISOR VHT 3"

Bild 18 ,,BRIVISOR VHT 4"

Maschinengruppe I

Bezeichnung: Tragbarer Härteprüfer „BRIVISOR VHT 3"

Art der Prüfung: Brinellprüfung

Verwendungszweck: Tragbares Gerät für Stangenmaterial, insbesondere mit rundem oder rechteckigem Querschnitt

Prüfbelastung und Prüfkörper: 750 kg mit 5-mm-Kugel

Kurzbeschreibung: Belastung durch Torsionsfeder. Belastungseinrichtung und 25fach vergrößerndes Einblickmikroskop sind gegeneinander auswechselbar. Befestigung auf den Werkstücken durch Anklemmen des C-förmigen Halters. Auswertung der Eindrücke in jeder Richtung auf 0,005 mm. Mit verschiedenen Haltern je nach Werkstückdurchmesser lieferbar. Beleuchtung des Eindrucks durch eingebautes Lämpchen, gespeist durch kleinen Transformator. Zur Erzielung einer sauberen Prüffläche kann eine auswechselbare Anfräsvorrichtung mitgeliefert werden. Lieferung erfolgt in besonderem Aufbewahrungs- und Transportkasten.

Abmessungen und Gewicht:

Durchmesser der zu prüfenden Werkstücke	mm	20—130
Ausladung normal	mm	65
Prüfhöhe	mm	20—130
Ausladung mit Sonderbügel	mm	130
Prüfhöhe mit Sonderbügel	mm	130—250
Mit Sattel-Halter für Werkstückdurchmesser	mm	250—400
Gewicht etwa	kg	13

Bezeichnung: Tragbarer Härteprüfer „BRIVISOR VHT 4"

Art der Prüfung: Brinellprüfung

Verwendungszweck: Prüfung sperriger Stücke wie Maschinenbetten und -tische in Verbindung mit einer Werkzeugmaschine

Prüfbelastung und Prüfkörper: 750 kg mit 5-mm-Kugel

Kurzbeschreibung: Befestigung des Geräts am Werkzeughalter einer Werkzeugmaschine. Im übrigen Ausführung wie BRIVISOR VHT 3.

Gewicht etwa	kg	10

Beispiele für die Brinellprüfung

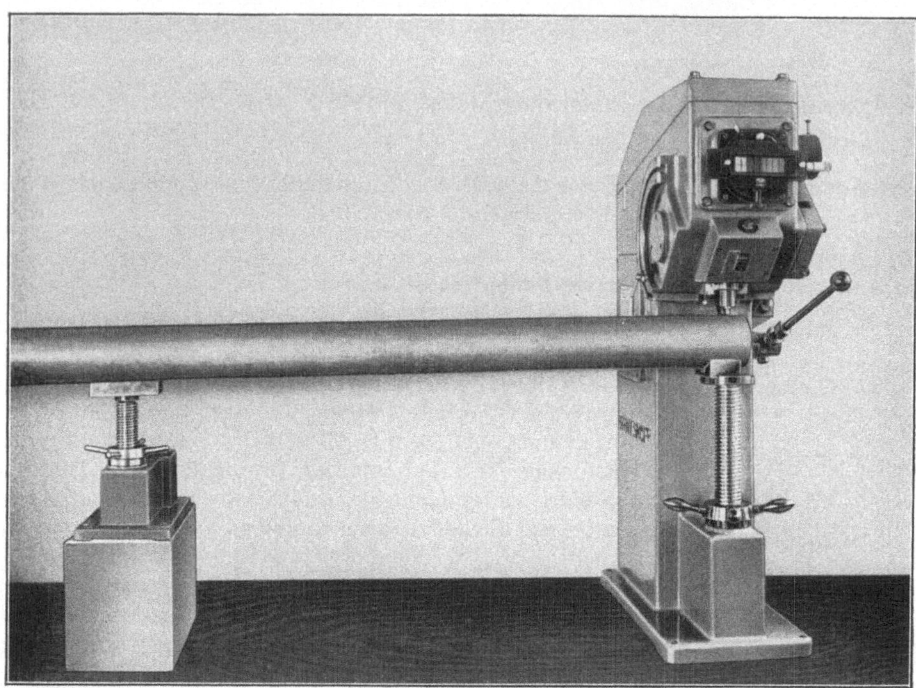

Bild 19

Prüfling: Stangenmaterial St. 50.11

Prüfbedingungen: HB 30 = 140—165 kg/mm² oder σ_B = 50—60 kg/mm²

Maschinentype: „BRIVISKOP 3000 H" Größe I

Sondereinrichtung: Verstellbare Hilfsauflage zur Abstützung der überhängenden Stange und zur Anpassung an den jeweiligen Durchmesser

Prüfergebnis: Eindruckdurchmesser 5,00 mm

Schreibweise: HB 30 = 143 kg/mm² oder σ_B = 51,5 kg/mm²

Bemerkung: Das eingehende Material wird angeschliffen oder angefeilt. Die Hilfsauflage ist für eine sichere Prüfung unerläßlich. Der vorstehend angegebene Wert für die Brinellhärte wird aus der Tabelle Seite *13* und die entsprechende Zugfestigkeit σ_B für Kohlenstoffstahl aus der Vergleichstabelle Seite *63* ermittelt. Für die gleiche Prüfaufgabe ist auch der tragbare Härteprüfer „BRIVISOR VHT 3" (siehe Seite 41) verwendbar.

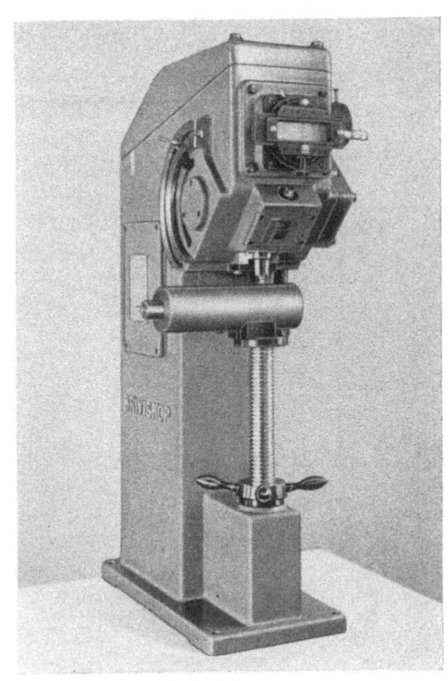

Bild 20

Prüfling:
Maschinenteil aus Grauguß
Prüfbedingungen:
HB 30 = 180—200 kg/mm²
Maschinentype:
„BRIVISKOP 3000 H"
Sondereinrichtung:
Großer Prüftisch 350×200 mm
Prüfergebnis:
Eindruckdurchmesser 4,44 mm
Schreibweise:
HB 30 = 184 kg/mm²
Bemerkung:
Ein Abkippen des überhängenden Teiles wird durch die Einspannfeder verhindert.

Bild 21

Prüfling:
Maschinenteil, Spezialmaterial vergütet
Prüfbedingungen:
HB 30 = 280—320 kg/mm²
Maschinentype:
„BRIVISKOP 3000 H"
Sondereinrichtung:
Bei Mengenprüfung wird eine Toleranzscheibe verwendet
Prüfergebnis:
Eindruckdurchmesser liegt im Toleranzfeld
Schreibweise:
HB 30 = 280—320 kg/mm², also gut
Bemerkung:
Die Toleranzscheibe zeigt Eindruckdurchmesser 3,63 und 3,40 mm, was einer Härtetoleranz von HB = 280 bis 320 kg/mm² entspricht.

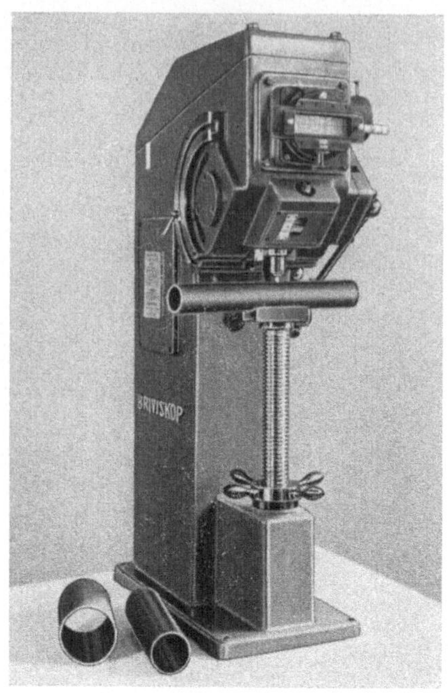

Bild 22

Bild 23

Prüfling:
Rohrabschnitt, Spezialmat. vergütet
Prüfbedingungen:
HB 30/5 = 240—270 kg/mm²
Maschinentype:
„BRIVISKOP 3000 H"
Sondereinrichtung:
Prismaauflage oder Aufsteckdorn
Prüfergebnis:
Eindruckdurchmesser: 1,88 mm
Schreibweise:
HB 30/5 = 260
Bemerkung:
Prüfbelastung und Kugeldurchmesser richten sich nach den Abmessungen des Rohres. Für dünnwandige Rohre sind die zulässigen Werte aus den Tabellen auf Seite 6 und 7 zu entnehmen.

Prüfling:
Schräger Stahlabschnitt
Prüfbedingungen:
HB 30 = 200—220 kg/mm²
Maschinentype:
„BRIVISKOP 3000 H"
Sondereinrichtung:
Kugelgelenktisch
Prüfergebnis:
Eindruckdurchmesser 4,16 mm
Schreibweise:
HB 30 = 211
Bemerkung:
Bei nicht planparallelen Prüflingen stellt sich der Kugelgelenktisch auf den jeweiligen Neigungswinkel ein.

Prüfling:
Federblatt, Spezialmaterial vergütet

Prüfbedingungen:
HB 30 = 350—420 kg/mm²

Maschinentype:
„BRIVISKOP 3000 D"

Sondereinrichtung:
Auflagevorrichtung mit verstellbarer
Stützspindel und verschiebbaren
Rollenböcken

Prüfergebnis:
Eindruck-$\varnothing$ 3,15 mm

Schreibweise:
HB 30 = 375 kg/mm²

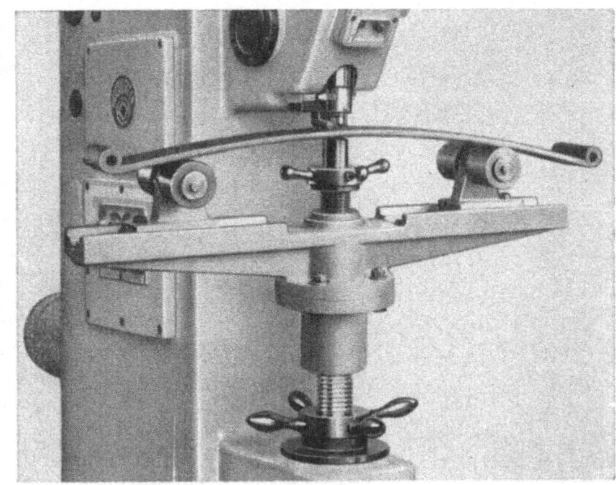

Bild 24

Bemerkung:
Das Federblatt kann über die ganze Länge geprüft werden. Die Prüfung wird zweckmäßig mit Toleranzscheibe vorgenommen.

Prüfling:
Automobilzylinderblock

Prüfbedingungen:
HB 30 = 190—220 kg/mm²

Maschinentype:
„BRIVISKOP 3000 D",
Ausführung B, Größe II

Sondereinrichtung:
In Rollenführung laufender Winkel-
tisch mit großer Aufspannplatte,
Sonderschaltung, Toleranzscheibe

Prüfergebnis:
Eindrucksränder liegen innerhalb
der Toleranzstriche

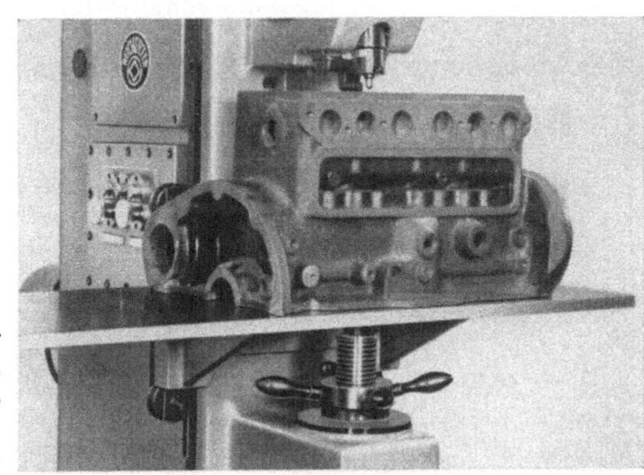

Bild 25

Bemerkung:
Ausrichten auf die Prüfstelle nach dem Lichtkreis der Beleuchtungseinrichtung.
Anfahren der Prüffläche gegen festen Anschlag. Dadurch zugleich Einstellung auf Seh-
schärfe. Durch Sonderschaltung für wahlweise kontinuierliche oder unterbrochene
Arbeitsweise kann mit einem Schalter auch der automatische Ablauf nur eines Arbeits-
spieles und anschließend Abschaltung vorgenommen werden. Beurteilung der Härte
durch Toleranzscheibe.

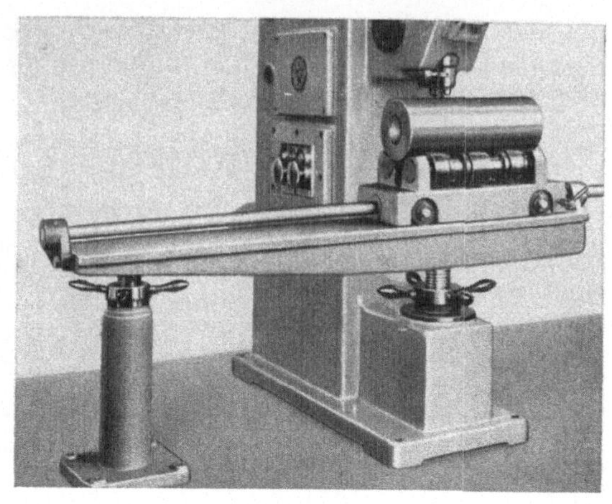

Bild 26

Prüfling:　　　　　　　Zylindrischer Preßkörper, Spezialmaterial vergütet

Prüfbedingungen:　　HB 30 = 300—340 kg/mm²

Maschinentype:　　　„BRIVISKOP 3000 D"

Sondereinrichtung: Führungsbahn mit Stütze und Transportwagen

Prüfergebnis:　　　　Eindruckdurchmesser innerhalb des Toleranzfeldes

Schreibweise:　　　　HB 30 = 300—340 kg/mm², also gut

Bemerkung:　　　　　Bei unbearbeiteten Stücken mit stärkeren Durchmesser-
toleranzen findet Ausführung A mit automatischem
Spindelhub Verwendung, bei bearbeiteten Stücken Ausführung B ohne automatische Hubbewegung. Handver-
stellung nur zur einmaligen Einstellung auf den jeweiligen Werkstückdurchmesser. Prüfung mit Toleranzscheibe. Der Rollwagen kann, wenn auf nur einer Mantel-
linie zu prüfen ist, statt mit Auflagewalzen mit einem
Auflageprisma versehen sein.

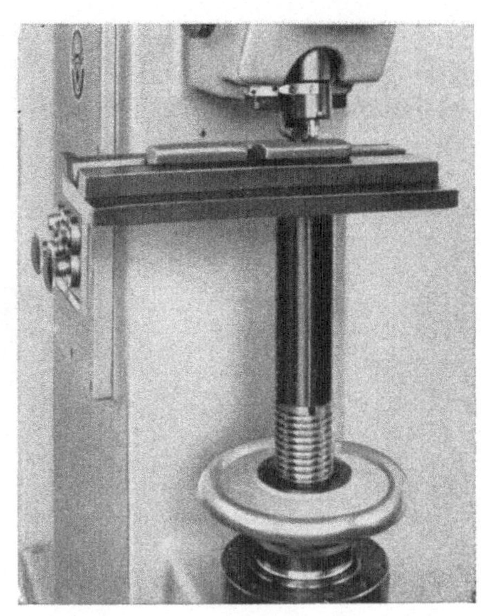

Bild 27

Prüfling:	Gesenkgeschmiedete Waagenschneide unbearbeitet
Prüfbedingungen:	HB 30/5 = 180—220 kg/mm²
Maschinentype:	„BRIVISKOP 3000 D" Ausführung A
Sondereinrichtung:	Langes Sonderprisma
Prüfergebnis:	Eindruckdurchmesser 2,10 mm
Schreibweise:	HB 30/5 = 207 kg/mm²
Bemerkung:	Die Prismenform ist so gewählt, daß die zu prüfende Fläche horizontal liegt. Die Prüflinge laufen in einer Richtung. Das geprüfte Stück wird vom folgenden von Hand eingelegten Stück fortgeschoben und mit der anderen Hand aufgefangen und abgelegt. Automatischer Spindelhub ist wegen Stärkeschwankungen der rohen Prüflinge notwendig. Durch Gegenfahren der Prüflinge gegen einen festen Höhenanschlag behalten erstere die gleiche Höhenlage und ergeben ein scharfes Eindruckbild der angeschliffenen Prüfstelle. Verwendung von Toleranzscheiben.

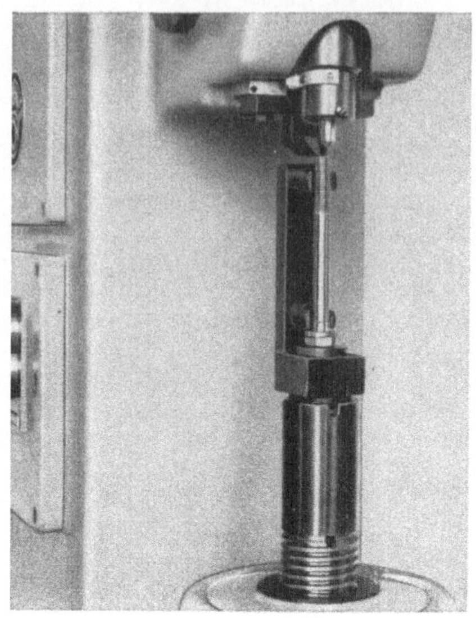

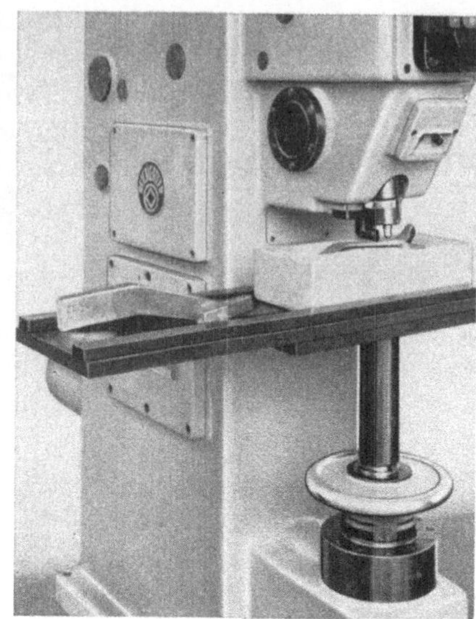

Bild 28   Bild 29

Prüfling:
Kopfschraube, Spezialmaterial ver-
gütet
Prüfbedingungen:
HB 30/5 = 280—305 kg/mm²
Maschinentype:
„BRIVISKOP 3000 D" Ausführung A
Sondereinrichtung:
Sondereinlegevorrichtung und ein-
seitig abgeflachter Kugelhalter, To-
leranzscheibe
Prüfergebnis:
Eindruckdurchmesser 1,84 mm (zu
groß)
Schreibweise:
H 30/5 = 272 kg/mm² (zu weich;
Ausschuß)
Bemerkung:
Automatischer Spindelhub bis zum
Anschlag zwecks Sicherung der
Prüflingslage vor dem Aufbringen
der Prüflast.

Prüfling:
Unregelmäßiges Maschinenteil,
gesenkgeschmiedet
Prüfbedingungen:
HB 30 = 180—200 kg/mm²
Maschinentype:
„BRIVISKOP 3000 D" Ausführung A
Sondereinrichtung:
Langer Tisch mit Führungen für
Zementform, Toleranzscheibe
Prüfergebnis:
Eindruckdurchmesser liegt inner-
halb der inneren Toleranzstriche
Schreibweise:
HB 30 (zu hart: Ausschuß)
Bemerkung:
Die Form wird durch Eindrücken ei-
nes Prüflings in eine Zementmasse
hergestellt. Das Einlegen der Werk-
stücke in die Form geschieht neben
der Prüfstelle, vor dem Einschieben
der Form unter das Druckstück.

Bild 30

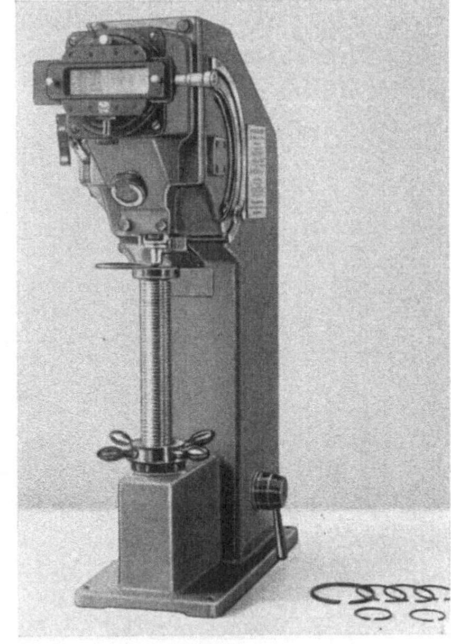

Bild 31

Prüfling:
Messinghülse

Prüfbedingungen:
Spezialbedingungen

Maschinentype:
„BRIVISKOP 187,5"

Sondereinrichtung:
Vorrichtung zum Prüfen der Hülsen
über die ganze Länge, Verschieben
des Oberschlittens der Vorrichtung
durch Zahnstange und Ritzel

Prüfling:
Kolbenring aus Spezialguß

Prüfbedingungen:
HB 30/1,25 = 260—280 kg/mm²

Maschinentype:
„BRIVISKOP 187,5"

Sondereinrichtung:
Bei Mengenprüfung Spezialauflage
mit Winkelanschlag

Prüfergebnis:
Eindruckdurchmesser 0,46 mm

Schreibweise:
HB 30/1,25 = 272 kg/mm²

Bemerkung:
Bei der Prüfung von Massenartikeln,
wie Kolbenringen, wird zweckmäßig
eine Toleranzscheibe benutzt.

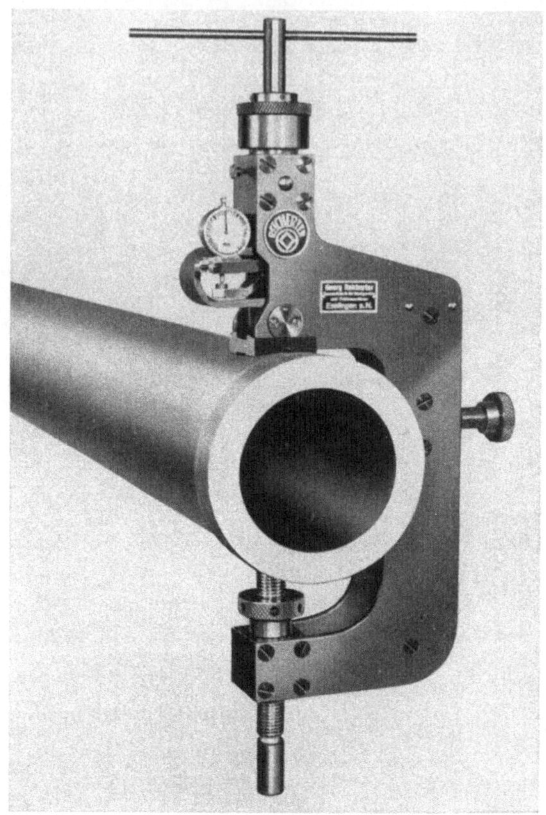

Bild 32

Prüfling:	Zylindrische Prüfstellen an sperrigen Teilen, insbesondere Zapfen und Lagerstellen, an Kurbelwellen und Walzen
Prüfbedingungen:	Brinellprüfung durch tragbares Gerät
Maschinentype:	Sonderausführung des „BRIVISOR VHT 3" mit Kraftmeßbügel anstelle von Torsionsfedern
Prüfdaten:	5 mm Kugel bei 750 kg Prüfbelastung
Bemerkung:	Durch seitliche Begrenzungen der Lagerzapfen ist das normale Gerät „BRIVISOR VHT 3" wegen der seitlich überstehenden Torsionsfedern nicht verwendbar. Der Einbau eines normalen Kraftmeßbügels mit Meßuhrablesung ermöglicht die Verwendung des Gerätes auch bei schmalen zylindrischen Lagerstellen.

Gruppe II Die Vorlast-Härteprüfung
nach Rockwell

Für dieses allgemein „Rockwellprüfung" genannte Verfahren sind in der DIN 50103 genaue Vorschriften festgelegt. Das Verfahren ist für fast alle metallischen Werkstoffe anwendbar. Es zeichnet sich durch eine nur unwesentliche Beschädigung selbst kleinster Prüfstücke aus. Die DIN 50103 ist nachstehend im Auszug wiedergegeben.

Grundsätzliches

Beim Versuch wird ein genormter Eindringkörper (Kegel oder Kugel) in zwei Stufen in die Oberflächenschicht des zu prüfenden Stückes eingedrückt und die bleibende Eindringtiefe e dieses Eindringkörpers gemessen. Die Maßeinheit für e ist 0,002 mm; aus ihr wird die Rockwellhärte abgeleitet.

Beschreibung des Versuchs

1. Der kegelige Eindringkörper ist ein Diamantkegel von 120° Spitzenwinkel; die Spitze ist kugelig mit 0,2 mm Halbmesser gerundet.
   Der kugelige Eindringkörper besteht aus einer gehärteten Stahlkugel von ungefähr 1,59 mm (genau $^1/_{16}''$) Durchmesser.

2. Nach dem Auswechseln oder Erneuern des Eindringkörpers ist das Gerät mit Vergleichsproben bestimmter Härte nachzuprüfen.

3. Der Eindringkörper wird mit der Oberfläche des zu prüfenden Stückes senkrecht in Berührung gebracht und stoßfrei mit der Vorlast $P_0 = 10$ kg eingedrückt. Es muß sorgfältig darauf geachtet werden, daß diese Last hierbei nicht überschritten wird.

4. Hierauf stellt man das Zifferblatt des Tiefenmessers (der Meßuhr) auf Anfangsstellung und steigert die Belastung des Eindringkörpers stoßfrei in 3 bis 6 Sekunden um eine Zusatzlast von

$$P_1 = 140 \text{ kg (Kegel) oder } 90 \text{ kg (Kugel)}$$

und erhält so eine Gesamtlast von

$$P = P_0 + P_1 = 150 \text{ kg (Kegel) oder } 100 \text{ kg (Kugel).}$$

5. Wenn der Zeiger des Tiefenmessers (der Meßuhr) zum Stillstand gekommen ist, wird die Zusatzlast P_1 entfernt und auf diese Weise die Belastung wieder auf den Wert der Vorlast $P_0 = 10$ kg zurückgeführt.

6. Dann wird auf dem Zifferblatt die bleibende Eindringtiefe e des Eindringkörpers abgelesen, aus ihr die Rockwellhärte abgeleitet und in ganzen Zahlen angegeben.
Die Mehrzahl der gebräuchlichen Geräte gestattet die unmittelbare Ablesung der Rockwellhärte auf der Teilung des Ziffernblattes.

Versuchsbedingungen

7. Die Oberfläche des zu prüfenden Stückes soll glatt und eben sein. Das Zurichten dieser Oberfläche muß mit der nötigen Vorsicht vorgenommen werden, damit jede Veränderung der Oberfläche, hauptsächlich durch Erwärmung oder Kalthärtung vermieden wird.

8. Ist ein Gegenstand auf seinen gekrümmten Oberflächen zu prüfen, so dürfen deren Krümmungshalbmesser nicht kleiner als 5 mm sein. Bei stärkerer Krümmung können besondere Vereinbarungen getroffen werden.

9. Das zu prüfende Stück muß auf einer unnachgiebigen Unterlage satt aufliegen. Die Berührungsflächen müssen frei von Fremdkörpern (Zunder, Öl, Schmutz und dgl.) sein. Gleichmäßiges und ebenes Aufliegen auf der Unterlage ist notwendig, damit während des Versuchs jegliches Verschieben ausgeschlossen ist.

10. Die Dicke des zu prüfenden Stückes muß mindestens gleich dem 10fachen Wert von e sein. Auf keinen Fall darf nach dem Versuch auf der Rückseite des zu prüfenden Stückes eine Verformung sichtbar werden.

11. Die Entfernung der Mitten zweier benachbarter Eindrücke oder der Mitte eines Eindrucks vom Rande des zu prüfenden Stückes soll im allgemeinen mindestens 3 mm betragen.

12. Das Gerät muß während der Dauer des Versuchs vor Stößen und Erschütterungen geschützt sein.

13. Bei maßgebenden Versuchen wird das Mittel aus den Ergebnissen von mindestens zwei benachbarten Eindrücken genommen.

Anmerkung

14. Von einer Umrechnung der Rockwellhärte auf Brinellhärte oder Zugfestigkeit sollte abgesehen werden, weil es kein allgemein gültiges Umrechnungsverfahren gibt. Sie ist höchstens in Sonderfällen möglich, wenn Vergleichsversuche eine Grundlage für die Umrechnung gegeben haben.

Kommentar zum DIN-Blatt 50103

Zu den verschiedenen allgemein gültigen Punkten der DIN 50103 ist unter Berücksichtigung der Reicherter-Härteprüfgeräte nach Rockwell folgendes zu bemerken:

Zum Grundsätzlichen

In den Vorschriften sind nur die Rockwellprüfungen B und C berücksichtigt. Darüber hinaus können die handelsüblichen Geräte meistens zusätzlich für andere Rockwellprüfungen verwendet werden. So kann auf den Reicherter-Geräten noch geprüft werden

> mit Diamant und 62,5 kg Gesamtlast (bei bis herunter zu 0,4 mm eingesetzten Prüflingen oder in anderen Fällen, die kleine Eindrücke verlangen),
>
> mit Kugel 2,5 mm $\varnothing$ und 62,5 kg Gesamtlast (für weiche Nichteisenmetalle),
>
> mit Kugel 2,5 mm $\varnothing$ und 187,5 kg Gesamtlast (gleichzeitig für Brinellprüfungen verwendbar, wobei jedoch die Auswertung außerhalb der Maschine erfolgen muß).

Die Tabellen im Anhang des Buches geben jeweils die entsprechenden HB-Werte an und, soweit es sich um Stahlprüfungen handelt, auch die angenäherten Festigkeitswerte. Es wird besonders darauf aufmerksam gemacht, daß die Vergleichstabellen stets für bestimmte Materialien Geltung haben und auch da nur angenäherte Vergleichswerte enthalten. Bei höheren Anforderungen an die Genauigkeit empfiehlt es sich, für die gerade vorliegenden Materialsorten besondere Richtwerte festzulegen.

> Zu 1. Für die geometrische Form des Rockwelldiamanten sind nachstehende Toleranzen zugelassen:
>
> Für den Kegelwinkel 120° $\pm$ 30′.
>
> Für den Abrundungsradius der Spitze 0,2 mm $\pm$ 0,01.

Außerdem ist vorgeschrieben, daß der Diamant, soweit er eindringt, poliert sein muß und keine Verletzung haben darf. Ferner darf er keine Riefen, matten Stellen, Anflachungen und kantige Übergänge aufweisen.

Zu 2. Das Anwendungsgebiet für die Rockwell-B-Prüfung (100 kg mit $^1/_{16}''$-Kugel) soll möglichst zwischen HRb = 35 und 100 liegen, während für die Rockwell-C-Prüfung (150 kg mit Diamant) der Bereich HRc = 20—67 empfohlen wird.

Zu 3. Außer der üblichen Vorlast von 10 kg trifft man zuweilen die Vorlast von 3 kg an, und zwar, wenn mit Gesamtlasten von 15...30 oder 45 kg geprüft wird. Bei diesem als Super-Rockwell bekannten Prüfverfahren ist die Eindringtiefe erheblich geringer (siehe den Absatz „Beurteilung der Prüfmethoden", Seite 134).

Zu 4. Die Nullstellung der Uhr (bei Rockwell-B-Prüfung auf 130) nach Aufbringung der Vorlast geschieht bei modernen Geräten selbsttätig (BRIRO-AUTOMAT, BRIRO-RADIAL, BRIRO-M). Trotzdem wird sich bei einfachen Geräten auch die Nulleinstellung von Hand behaupten, weil sie denkbar einfach und betriebssicher ist und keine besonderen Kenntnisse und Fähigkeiten vom Bedienungspersonal verlangt. Im übrigen steht für gelegentliche Prüfungen der konstruktive Aufwand und der Mehrpreis für die Automatik in keinem Verhältnis zur Zeitersparnis. Bei halb- oder vollautomatischer Prüfung ist jedoch die automatische Nullstellung von großem Vorteil.

Zu 5. Bei weichen Werkstoffen darf die Belastungszeit nicht zu kurz bemessen werden, wenn es sich um die Feststellung genauer Härtewerte handelt. Sehr weiches Material fließt auch sehr lange nach und es ist daher wichtig, schon das Aufbringen der Vorlast besonders stoßfrei vorzunehmen und dann beim Belasten und auch beim Entlasten stets solange zu warten, bis der Meßuhrzeiger vollständig zur Ruhe gekommen ist.

Zu 6. Die Ablesung der Rockwell-C-Härte geschieht so, daß man die Eindringtiefe e, gemessen in 0,002 mm, von 100 abzieht. Die sich ergebende Zahl ist der HRc-Wert. Bei der Rockwellprüfung B erfolgt die Subtraktion von der Zahl 130 und ergibt dann den HRb-Wert.

Zu 7. Stärkere Unebenheiten der Oberfläche, z. B. Drehriefen haben eine stärkere Beanspruchung der Prüfdiamanten zur Folge und können sich in einer Verkürzung ihrer Lebensdauer auswirken.

Zu 8. Während Rockwellprüfungen auf dem Umfang zylindrischer Prüflinge von 10 mm an ohne weiteres möglich sind, muß bei Durchmessern unter 10 mm eine Korrektur der gemessenen Werte vorgenommen werden. Das gilt auch für konkav zylindrische Flächen, wie z. B. beim Prüfen in Rillen, Kugellagerlaufbahnen usw. Die Korrekturwerte für konvexe Flächen können aus den Tabellen auf Seite *69* und *70* entnommen werden.

Zu 9. Die Einhaltung dieser Forderung ist geradezu die Voraussetzung für eine einwandfreie Rockwellprüfung.
Es ist offensichtlich, daß eine einfache Auflage des Prüfstückes bei der Rockwellprüfung leicht erhebliche Fehler in die Messung hineinbringen kann. Sobald sich der Prüfkörper wie in Bild 33 auf die Prüfstelle aufsetzt, können nachstehende Lagenveränderungen innerhalb des Prüfgerätes eintreten:

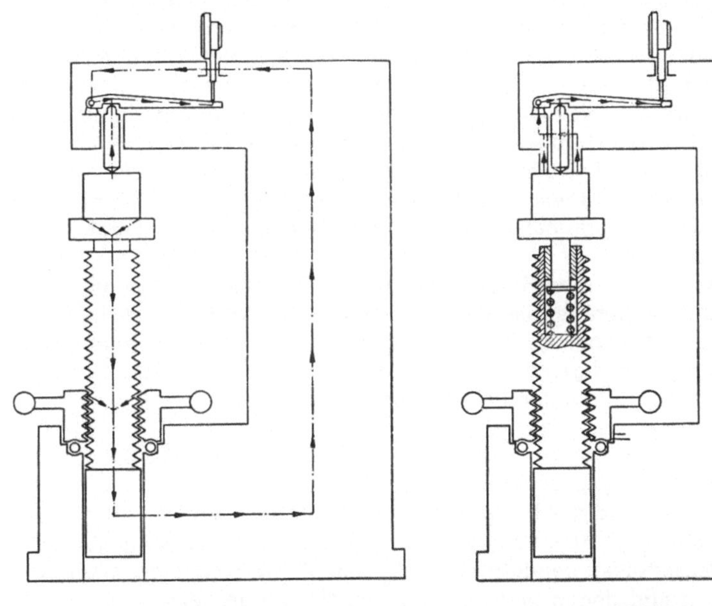

Bild 33
Rockwellprüfung ohne Verspannung

Bild 34
Rockwellprüfung mit Verspannung

1. Werkstückverlagerung durch unsaubere Auflagefläche.
2. Deformationen bei dünnen Prüflingen.
3. Verlagerung durch Flankenluft an der Gewindespindel.
4. Aufbäumen des Maschinenständers und dadurch Spindelversatz gegenüber dem Prüfkörper.

Alle diese Fehler gehen in die Meßuhranzeige ein und täuschen eine zu
große Eindringtiefe des Prüfkörpers vor. Die Härtewerte erscheinen
also meistens zu niedrig. Man hat versucht, die Fehler durch entsprechende Gegenmaßnahmen auszuschalten, indem man saubere Auflageflächen vorschrieb. Bei stärkeren Prüflingen mit ebener Auflagefläche ist auf diese Weise schon viel erreicht. Bei unregelmäßigen,
sperrigen, langen oder rohen Körpern dagegen müssen in sorgfältiger
und zeitraubender Arbeit bei der Einspannung die Fehlerquellen auf ein
Minimum herabgesetzt werden. Ganz konnte das nie geschehen, da
eine Nachgiebigkeit von 0,002 mm bereits einem Fehler von 1 HRc entspricht.
Man versuchte ferner, die Prüflinge durch Spannschrauben auf dem
Tisch festzuklemmen. Dieses Verfahren brachte wohl eine Besserung,
aber durch die Unsicherheit und Ungleichmäßigkeit der Anpreßdrücke
war eine vollständige Ausschaltung dieser Fehler nicht möglich. Das
gleiche gilt für die unter 3 und 4 genannten Fehlerquellen. Selbst bei
gleichmäßigem Anziehen von Spannschrauben treten schon bei den
kleinsten Stärkeunterschieden der Prüflinge verschieden starke Anpreßdrücke auf, die sich auf das Ergebnis der Prüfung ungünstig auswirken müssen. Ganz abgesehen davon, daß eine solche Einspannung,
wenn sie möglichst gleichmäßig erfolgen soll, ein erhebliches Finger-
spitzengefühl und einen entsprechenden Zeitaufwand erfordert, ist
ungeschultes Personal für eine solche Bedienung der Geräte kaum
noch verwendbar.
Da brachte die Firma Reicherter mit ihren BRIRO-UV-Maschinen ihre
Einspannung heraus, die alle vorerwähnten Fehler bei einfachster Bedienung mit einem Schlage ausschaltete. Sie erreichte eine solche
Bedeutung und allgemeine Anerkennung, daß sie in der DIN 51 200 über
Aufnahmevorrichtungen bei der Rockwellprüfung gebracht wird.

Die **Original-Einspannung-REICHERTER** ist in Bild 34 der Prüfung
ohne Einspannung gegenübergestellt. Bei der Einspannung liegt der
Prüfling während der Prüfung nicht mehr frei auf seiner Auflage, wird
auch nicht durch Spannschrauben mehr oder weniger stark gegen seine
Auflage gedrückt, sondern er wird mit der Gewindespindel nach oben
verfahren und gegen eine starre Anlagefläche am Maschinenständer
gepreßt. Zwischen Gewindespindel und Auflagetisch ist eine Feder ein-
geschaltet, die bereits stark vorgespannt ist. Unabhängig davon, ob die
Spindelmutter nun mehr oder weniger weit angezogen wird, ergibt sich
ein praktisch konstanter Anpreßdruck, der beim „BRIRO UV" etwa
320 kg beträgt. Er ist also in jedem Falle größer als der Prüfdruck, der
bei dieser Maschine max. nur 187,5 kg, oder in Sonderfällen 250 kg, betragen kann. Der Prüfling kann also beim Aufbringen der Prüflast seine
Lage nicht mehr verändern. Der Gegendruck von 320 kg, der v o r der

Prüfung ganz von der Anlagefläche aufgenommen wurde, wird während der Belastung zum Teil vom Prüfkörper aufgenommen. Die restliche Kraft gewährleistet stets eine feste Anlage des Prüflings an der Stirnfläche des Prüfkopfes. Was auf der der Prüfstelle gegenüberliegenden Auflagefläche des Prüflings oder im Maschinenständer vor sich geht, hat auf das Prüfergebnis keinen Einfluß. Mit anderen Worten, die eingangs aufgezählten Fehlerquellen sind auch bei der Original-Einspannung-REICHERTER vorhanden, sie werden aber bereits vor der Prüfung durch die Einspannung ausgeschaltet. Wenn die Prüfung nach Nullstellung der Meßuhr beginnt, wird durch das Eindringen des Prüfkörpers keine weitere Deformation mehr ausgelöst, und der angezeigte Wert entspricht in voller Höhe der Eindringtiefe.

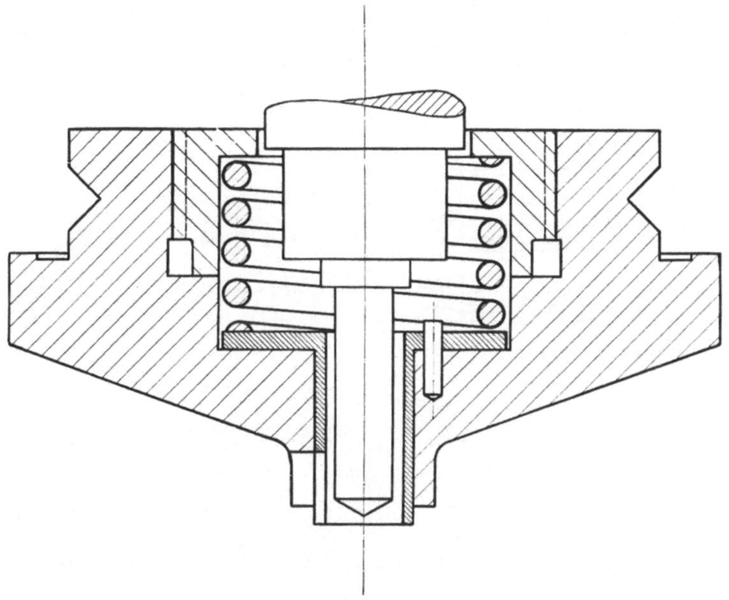

Bild 35   Normaler Prüfkopf mit Pufferbüchse

Die Original-Einspannung-REICHERTER mit 320 kg Einspannkraft ist in ihrer Wirkungsweise in Bild 36 in fünf verschiedenen Phasen schematisch dargestellt. Bild 35 ist ein Schnitt durch den normalen Prüfkopf. Wichtig ist hier die Pufferbüchse zum Schutze des Prüfdiamanten. Sie schiebt sich nach jeder Prüfung selbsttätig über den Diamanten und

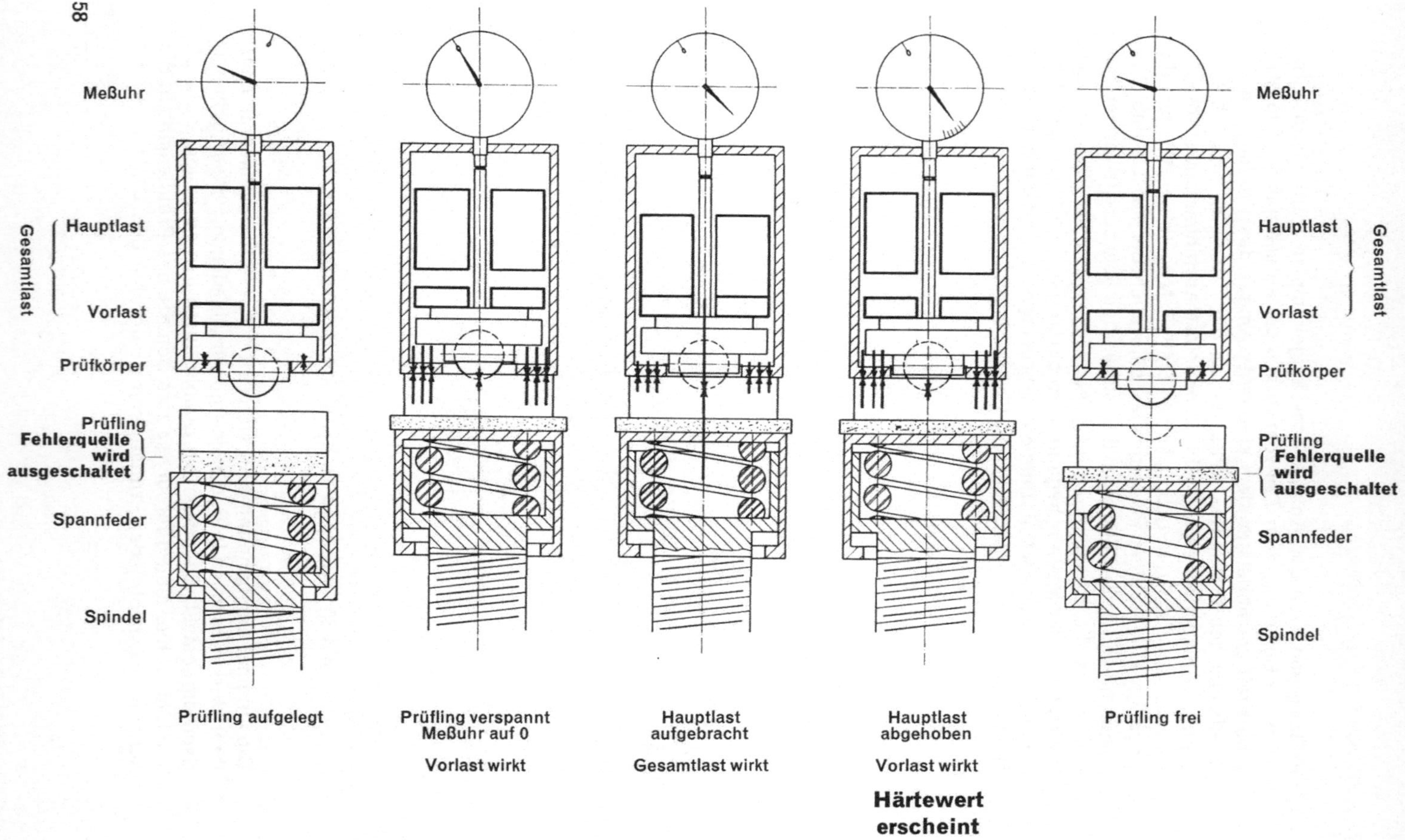

Bild 36 Wirkungsweise der Original-Einspannung-REICHERTER

verhindert so ein unbeabsichtigtes Anstoßen mit dem Prüfling bei unvorsichtigem Einlegen. Diese Pufferbüchse hat mit der eigentlichen Prüfbelastung nichts zu tun. Auf Bild 37 ist eine Anzahl von Sonderprüfköpfen dargestellt, deren Ausbildung sich jeweils nach den Prüflingen richtet, aber stets eine Einspannung nach vorbeschriebenen Gesichtspunkten gestattet. Durch die Original-Einspannung-REICHERTER

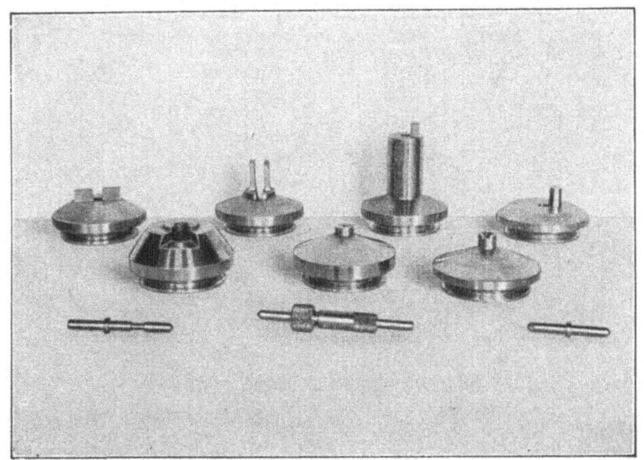

Bild 37   Verschiedene Ausführungsformen
von Prüfköpfen und Diamanthaltern

ist die Anwendbarkeit der Rockwellprüfung außerordentlich erweitert worden, namentlich auf alle Fälle, die zuvor durch die Schwierigkeit einer sicheren und deformationsfreien Auflage und Belastung keine zuverlässigen Ergebnisse möglich machten.

Die Betätigung der Einspannung ist denkbar einfach und die Unempfindlichkeit gegenüber vorhandenen Öl- oder Schmutzschichten, Gratbildung, Spänen usw. hat erst eine automatische Rockwellprüfung ermöglicht. Ohne eine Einspannung wäre eine Verkürzung der Zeit für ein Arbeitsspiel auf 4 Sekunden nicht möglich gewesen (siehe „BRIRO-AUTOMAT"). Auch wäre eine Rockwellprüfung großer und sperriger Stücke mit Prüfgeräten in Auslegerbauart („BRIRO-RADIAL") unmöglich, wenn nicht alle Deformationen vor der Prüfung restlos ausgeschaltet würden. Bei den Maschinen „BRIRO-RADIAL", „BRIRO M" und „BRIRO-AUTOMAT" wurde ein anderes Prinzip gewählt (siehe Bild 38).

Die Prüfbüchse setzt sich mit etwa 20 kg Druck stets kraftschlüssig auf die Prüffläche, macht also alle Bewegungen während der Belastung mit, und es wird nur die Strecke t gemessen, um die der Prüfkörper aus der Büchse hervortritt.

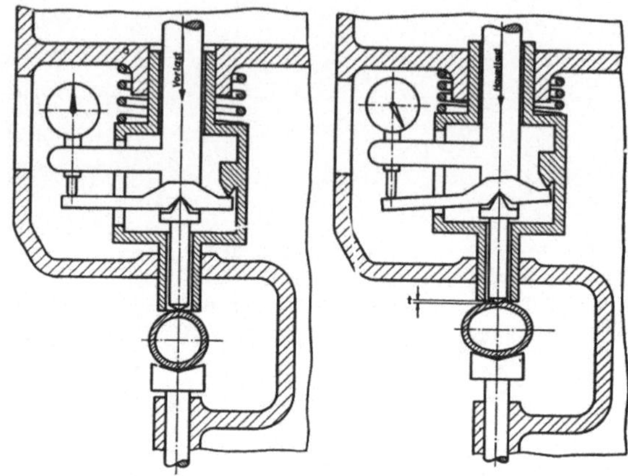

Bild 38 Nicht starrer Prüfling
unter Vorlast   unter Hauptlast

Zu 10. Auf Seite *4* haben wir eine Tabelle abgedruckt, aus der für verschiedene Belastungen und Werkstückhärten die Mindeststärken des Materials oder der Härteschichten zu entnehmen sind.

Zu 11. Während die zu große Nähe des Prüfeindrucks vom Prüfstückrand oder von einem anderen Eindruck sich infolge Ausweichens des Materials in einem zu geringen Härtewert äußert, kommt es auch vor, daß die Uhr zu hohe Werte zeigt. Das kann daran liegen, daß man in Rillen oder andere Vertiefungen geraten ist. Die Oberfläche war also für die Rockwellprüfung nicht eben genug.

Zu 12. Der schädliche Einfluß von Stößen und Erschütterungen ist natürlich bei federbelasteten Maschinen geringer als bei gewichtsbelasteten. In besonders ungünstigen Fällen empfiehlt sich die Aufstellung des Gerätes auf Gummipuffer oder andere stoßdämpfende Elemente.

Zu 13. Nach Möglichkeit sollten dabei die Messungen zu verschiedenen Zeiten und von verschiedenen Personen vorgenommen werden, um die persönlichen Meßfehler ebenfalls weitestgehend auszuschalten.

Zu 14. Eine Umrechnung der Härte auf Zugfestigkeit ist für Guß und Nichteisenmetalle mit Ausnahme von Duralumin überhaupt nicht möglich.
Aber auch bei Stahl gibt eine solche Umrechnung nur eine angenäherte
Vergleichsmöglichkeit. Man sollte auch für die Umrechnung auf andere
Härteskalen, wenn irgend angängig, sich von Fall zu Fall eigene Vergleichstabellen schaffen und nicht ohne weiteres vorhandene Tabellen
zur Anwendung bringen.

Die Prüfung dünn eingesetzter oder nitrierter Werkstücke

Die Mindeststärkentabelle auf Seite *4* läßt erkennen, daß eine Rockwell-C-
Prüfung je nach Härte des Prüflings mindestens 1—1,2 mm Stärke erfordert.
Handelt es sich jedoch um einsatzgehärtete Teile, so ist nur die Stärke der
Härteschicht von Wichtigkeit und in diesem Fall gelten die Werte der Tabelle
für die Schichtstärke. Sie sind in diesem Falle als reichlich zu bezeichnen: so
kann man nach Rockwell C schon Werkstücke prüfen, deren Härteschicht 0,6
bis 0,8 mm stark ist. Dünnere Schichten erlauben nur eine Prüfung mit 62,5 kg.
Die untere Grenze der Schichtstärke ist dabei 0,4—0,5 mm. Sind die Teile aber
noch dünner eingesetzt oder nitriert, so ist nur die Rockwellkleinlastprüfung
mit 15...30 oder 45 kg möglich, sofern man nicht überhaupt zur Vickersprüfung
übergehen will. Die vorerwähnte Mindeststärkentabelle enthält auch Werte für
kleine Prüflasten.

Auf Seite *66—68* finden sich Tabellen, aus denen für die Meßuhranzeigen der
Kleinlastprüfung die entsprechenden HRc-Werte entnommen werden können.
Diese Umrechnungswerte sind nur als angenäherte Mittelwerte zu betrachten,
solange man nicht die jeweils benutzten Diamanten berücksichtigt. Der Grund
hierfür liegt in der Tatsache, daß bei 15 kg Belastung der Diamant nur mit der
auf 0,2 mm Radius abgerundeten Spitze eindringt (siehe Bild 39). Da nun diese

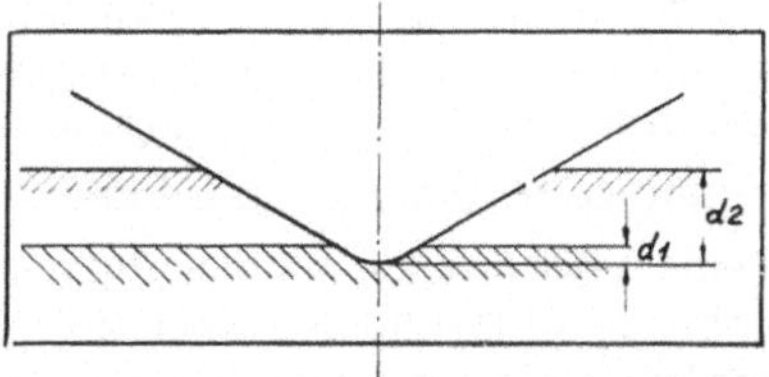

Bild 39　Eindringtiefe bei verschiedenen Prüflasten

Abrundung erheblich schwieriger anzuschleifen ist als der 120°-Kegel, können
die möglichen Unterschiede in der Spitzenform auch Abweichungen in der
Anzeige ergeben. Aus diesem Grunde geht man zweckmäßigerweise so vor,
daß für den jeweils benutzten Diamanten und unter Verwendung von Kontroll-

platten für jede Belastung eine Eichkurve aufgenommen wird. Hierzu genügt die Bestimmung von 5 — 6 Kurvenpunkten. Von dieser Kurve kann man dann für jede Meßuhrablesung den tatsächlichen HRc-Wert abgreifen. Bei der Mengenprüfung auf automatischen Rockwellkleinlastgeräten werden auf gleiche Weise die Toleranzgrenzwerte ermittelt und an der Maschine eingestellt. Diese Arbeitsweise gewährleistet die erforderliche Genauigkeit. Bild 40 zeigt eine derartige Eichkurve für eine Prüfbelastung von 30 kg. Als Beispiel ist dort eine Ablesung 74,5 gewählt. Der Schnittpunkt der Vertikalen durch den Punkt 74,5 mit der Kurve ergibt auf der Ordinate einen Härtewert von 55 HRc.

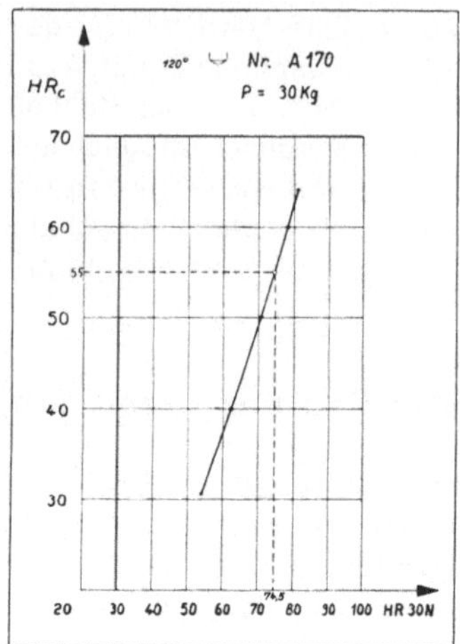

Bild 40 Eichkurve für Rockwell-Kleinlastprüfung

Ermittlung der Härtetiefe*

Da bisher nur laboratoriumsmäßig ausführbare Verfahren für die Ermittlung der Härtetiefe an einsatzgehärteten Teilen zur Verfügung standen, die meist eine Zerstörung des Prüflings erforderten, ist seitens der Härteindustrie seit langem ein betriebsmäßig durchführbares Verfahren gefordert worden, das ohne Zerstörung des Prüflings die Härtetiefe mit ausreichender Genauigkeit festzustellen gestattet. Ein solches Gerät ist mit der

Härteprüfmaschine „BRIRO E"

geschaffen worden, die also in erster Linie die Härtetiefe festzustellen gestattet, wobei man sich an die amerikanische Norm angelehnt hat. Diese Norm definiert die Härtetiefe als den Abstand von der Prüflingsoberfläche bis zu der Zone, bei der die Härte noch 50 HRc bzw. 525 HV beträgt. Es kann aber auch eine Bezugshärte von 55 HRc entsprechend 600 HV oder ein dazwischenliegender Härtewert der Messung zu Grunde gelegt werden.

Das Gerät arbeitet mit einem Rockwelldiamanten und macht einen Prüfeindruck mit 187,5 kg Prüflast, der nach Ablesung des Meßuhrwertes durch 1000 kg Prüflast vergrößert und ebenfalls ausgewertet wird. Für die erhaltenen beiden Meßuhrablesungen wird in einer empirisch aufgestellten Tabelle der Schnittpunkt und die dort bezeichnete Härtetiefe aufgesucht. Das Verfahren ergibt für Härtetiefen zwischen 0,2 und 1,5 mm zahlenmäßige Ergebnisse, deren Treffsicherheit den bisher üblichen Verfahren weit überlegen ist. Ganz abgesehen davon, daß

---

* Werkstatttechnik und Maschinenbau Heft 3/1955 Dipl. Ing. Dettinger „Verfahren zur Bestimmung der Härtetiefe im Einsatz gehärteter Teile."

es sich hier um ein praktisch zerstörungsfrei arbeitendes Verfahren handelt, das mit erheblich geringerem Aufwand an Zeit und Kosten durchführbar ist, kann die Meßmethode als vollkommen objektiv bezeichnet werden, während bei allen anderen Verfahren bei dem mehr oder weniger allmählichen Übergang von der Oberflächenhärte auf die Kernhärte entsprechende Streuungen unvermeidbar sind.

Das Belastungsgewicht ist für die Belastungen 62,5 und 150 kg aufgeteilt, so daß mit dem Gerät auch normale Rockwellprüfungen ausgeführt werden können.

Zur Ausführung von Rockwellprüfungen stehen aus dem Reicherter-Fertigungsprogramm nachstehende Maschinen zur Verfügung:

„BRIRO UVn"	Universalgerät.
„BRIRO UVKn"	Universal-Kleinlast-Prüfgerät.
„BRIRO M"	Fußbetätigtes Gerät zur Prüfung kleiner Serien und für Einzelprüfungen.
„BRIRO-AUTOMAT"	Automatische Maschine für Mengenprüfungen.
„BRIRO-AUTOMAT-KLEINLAST"	Automatische Maschine für Mengenprüfungen schwach eingesetzter,oder nitrierter Teile.
„BRIRO-AUTOMAT S05"	Automatisches Gerät für schwere und sperrige Werkstücke.
„BRIRO-RADIAL"	Handbetätigtes Großgerät für schwere und sperrige Werkstücke.
„BRIRO 112"	Maschine mit Winkeltisch für große und schwere Prüfkörper.
„BRIRO KH 1"	Zur Serienprüfung von Kurbelwellen.
„BRIRO E"	Gerät zur Ermittlung der Härtetiefe an einsatzgehärteten Teilen und zur Härteprüfung.

Grundsätzlich vermeiden sämtliche Maschinen Meßfehler, die durch Deformationen während des Prüfvorganges eintreten können. Wie bereits erwähnt, geschieht dies durch die Original-Einspannung-REICHERTER bzw. durch die stets kraftschlüssig aufsitzende Meßbüchse. In allen Fällen ist auch der Diamant gegen Beschädigungen durch unachtsames Einlegen der Prüflinge geschützt. Während die Universalmaschinen mit Gewichtsbelastung arbeiten, wurde bei halb- und vollautomatischen Maschinen eine praktisch masselose Federbelastung gewählt, da Gewichte bei schnellem Arbeitstempo oder in nicht erschütterungsfreien Betrieben leicht Ursache von Fehlmessungen sein können.

Bild 41   ,,BRIRO UVn"

Bild 42   ,,BRIRO UVKn"

Maschinenbeschreibung Gruppe II

Bezeichnung:	Härteprüfer „BRIRO UVn" und „BRIRO UVKn"
Art der Prüfung:	Rockwellprüfung bzw. Rockwell-Kleinlast-Prüfung
Verwendungszweck:	Universal (UVKn für dünne Teile und Schichten)

Prüfbelastungen und Prüfkörper:

BRIRO UVn

	Gesamtlast in kg				
	62,5	62,5	100	150	187,5
Prüfkörper	Kugel 2,5 mm $\varnothing$	Diamant-kegel 120°	Kugel $^1/_{16}"$ $\varnothing$	Diamant-kegel 120°	Kugel 2,5 mm $\varnothing$
Bezeichnung	HR 2,5/62,5	HR 62,5	HRb	HRc	HR 2,5/187,5

Weitere Belastungsgewichte und Prüfkörper auf Wunsch.

BRIRO UVKn

	Gesamtlast in kg					
	15		30		45	
Prüfkörper	Diamant-kegel 120°	Kugel $^1/_{16}"$	Diamant-kegel 120°	Kugel $^1/_{16}"$	Diamant-kegel 120°	Kugel $^1/_{16}"$
Bezeichnung	15 N	15 T	30 N	30 T	45 N	45 T

Kurzbeschreibung: Gewichtsbelastungsmaschinen. Belastungsgeschwindigkeit durch Ölbremse regelbar. Vorlast 10 kg (bei UVKn 3 kg). Direkte Meßuhrablesung (bei Rockwell-Kleinlast-Prüfungen unter Benutzung von Eichkurven). Für andere Rockwellskalen Umrechnungstabellen. Original-Einspannung-REICHERTER.

Auswechselbare Prüfköpfe und Einlege-Vorrichtungen. Zentrale Anordnung der Bedienungsorgane. Gekapselte Meßuhr. Neuartige Befestigung der Prüfkörperhalter durch axial anziehende Schraube. Diamantschutz. In drei Größen lieferbar (BRIRO UVKn nur als Größe II und III).

Abmessungen und Gewichte:

Größe		II	III	IV
Ausladung	mm	150	150	150
Größte Prüfhöhe	mm	230	350	500
Grundfläche	mm	220 × 550	220 × 550	220 × 550
Gewicht etwa	kg	95	110	125

Bild 43   „BRIRO 112"

Maschinenbeschreibung Gruppe II

Bezeichnung: Härteprüfmaschine „BRIRO 112"
Art der Prüfung: Rockwellprüfung
Verwendungszweck: Für große und schwere Werkstücke

Prüfbelastungen und Prüfkörper:

	Gesamtlast in kg				
	62,5	62,5	100	150	187,5
Prüfkörper	Kugel 2,5 mm ∅	Diamant-kegel 120°	Kugel ¹/₁₆″∅	Diamant-kegel 120°	Kugel 2,5 mm ∅

Kurzbeschreibung: Maschine mit Winkeltisch zur Aufnahme schwerer Werkstücke oder besonderer Aufnahmevorrichtungen. Gewichtsausgleich durch Gegengewicht. Vertikale Verstellbarkeit durch Handrad. Vorlast 10 kg. Gewichtsbelastung. Belastungsgeschwindigkeit durch Ölbremse regelbar. Diamantschutz. Direkte Meßuhrablesung bei Rockwell-C-Prüfungen. Für andere Rockwellskalen Umrechnungstabellen. Original-Einspannung-REICHERTER. Auswechselbare Prüfköpfe.

Abmessungen und Gewicht:

Ausladung	mm	200
Größte Prüfhöhe	mm	700
Prüftischlänge	mm	800
Prüftischbreite	mm	300
Grundfläche der Maschine	mm	400 × 550
Höhe der Maschine	mm	1370
Gewicht etwa	kg	650

Bild 44   ,,BRIRO-RADIAL"

Maschinenbeschreibung Gruppe II

Bezeichnung: Härteprüfmaschine „BRIRO-RADIAL"
Art der Prüfung: Rockwellprüfung
Verwendungszweck: Für schwere und sperrige Werkstücke

Prüfbelastungen und Prüfkörper:

	Gesamtlast in kg				
	62,5	62,5	100	150	187,5
Prüfkörper	Kugel 2,5 mm ⌀	Diamant-kegel 120°	Kugel ¹/₁₆″⌀	Diamant-kegel 120°	Kugel 2,5 mm ⌀

Kurzbeschreibung: Prüfmaschine in Radialbauart, mit dreidimensionaler Einstellbarkeit des Prüfgerätes. Werkstückauflage auf Grundplatte, Würfeltisch oder in besonderen Einlegevorrichtungen. Sonderprüfköpfe auch für die Zahnradflankenprüfung lieferbar. Auswechselbare Laststufenfedern. Diamantschutz. Kraftschlüssig aufsitzende Meßbüchse zum Ausgleich von Deformationen während der Prüfung. Vorlast 10 kg. Direkte Meßuhrablesung bei Rockwell-C-Prüfungen. Für andere Rockwellskalen Umrechnungstabellen. Selbsttätige Nullstellung der Meßuhr. Stehenbleibende Anzeige bis zur nächsten Prüfung.

Abmessungen und Gewicht:

Größte Ausladung	mm	500
Größte Prüfhöhe über Grundplatte	mm	1300
Größte Prüfhöhe über Würfeltisch	mm	790
Vertikalverstellung	mm	400
Schwenkbarkeit		360°
Grundplatte	mm	1100 × 1100
Aufspannfläche des Würfeltisches	mm	500 × 600
Höhe der Maschine	mm	2500
Gewicht der Maschine etwa	kg	950
Gewicht des Würfeltisches etwa	kg	250

Bild 45   „BRIRO M"

Maschinenbeschreibung Gruppe II

Bezeichnung: Härteprüfmaschine ,,BRIRO-M''
Art der Prüfung: Rockwellprüfung
Verwendungszweck: Hochleistungsmaschine, besonders für die Serienprüfung

Prüfbelastungen und Prüfkörper:

	Gesamtlast in kg				
	62,5	62,5	100	150	187,5
Prüfkörper	Kugel 2,5 mm $\varnothing$	Diamant-kegel 120°	Kugel $^{1}/_{16}''$ $\varnothing$	Diamant-kegel 120°	Kugel 2,5 mm $\varnothing$

Kurzbeschreibung: Halbautomatische Prüfmaschine mit motorischem Antrieb und Fußbetätigung. Auswechselbare Laststufenfedern. Diamantschutz. Kraftschlüssig aufsitzende Meßbüchse zum Ausgleich von Deformationen während der Prüfung. Direkte Meßuhrablesung bei Rockwell-C-Prüfungen. Für andere Rockwellskalen Umrechnungstabellen. Gute Sichtbarkeit der Meßuhr durch eingebautes Beleuchtungslämpchen. Auswechselbare Prüfköpfe und Einlegevorrichtungen. Automatische Nullstellung der Meßuhr. Stehenbleibende Härtewertanzeige bis zur nächsten Prüfung. Antrieb des Spindelhubes durch eingebauten Getriebemotor über eine Kurvenscheibe. Belastungs- und Einlegezeiten können durch entsprechend lange Ein- und Ausschaltzeit des Fußtasters beliebig gewählt werden. Leistung bis zu 900 Prüfungen pro Stunde.

Abmessungen und Gewichte:

Ausladung	mm	150
Größte Prüfhöhe	mm	230
Höhe der Maschine	mm	850
Grundfläche	mm	280 × 600
Leistungsbedarf etwa	W	100
Gewicht etwa	kg	220

Bild 46   „BRIRO-AUTOMAT" und
„BRIRO-AUTOMAT-KLEINLAST"

Maschinenbeschreibung Gruppe II

Bezeichnung:	Automatische Härteprüfmaschinen „BRIRO-AUTOMAT" und „BRIRO-AUTOMAT-KLEINLAST"
Art der Prüfung:	Selbsttätige Rockwellprüfung bzw. Rockwell-Kleinlast-Prüfung
Verwendungszweck:	Prüfmaschinen für große Serien

Prüfbelastungen und Prüfkörper:

BRIRO-AUTOMAT

Gesamtlast in kg	62,5	62,5	100	150	187,5
Prüfkörper	Kugel 2,5 mm $\varnothing$	Diamant-kegel 120°	Kugel $^1/_{16}''$	Diamant-kegel 120°	Kugel 2,5 mm $\varnothing$
Bezeichnung Rockwell	HR 2,5/62,5	HR 62,5	HRb	HRc	HR 2,5/187,5

BRIRO-AUTOMAT-KLEINLAST

Gesamtlast in kg	15		30		45	
Prüfkörper	Diamant-kegel 120°	Kugel $^1/_{16}''$	Diamant-kegel 120°	Kugel $^1/_{16}''$	Diamant-kegel 120°	Kugel $^1/_{16}''$
Bezeichnung Rockwell	15 N	15 T	30 N	30 T	45 N	45 T

Kurzbeschreibung: Automatische Maschinen mit elektro-hydraulischem Antrieb. Belastungs- und Einlegezeiten stufenlos und unabhängig voneinander regelbar. Auswechselbare Laststufenfedern. Diamantschutz. Kraftschlüssig aufsitzende Meßbüchse. Automatische Nullstellung der Meßuhr. Stehenbleibende Anzeige bis zur nächsten Prüfung. Einstellbare Härtetoleranzen. Farbige Lichtsignale für die Ergebnisse: Gut, zu hart, zu weich. Sortierbahn zur selbsttätigen Ablage der geprüften Stücke nach drei Gruppen. Leistung bis zu 900 Prüfungen stündlich.

Abmessungen und Gewicht:

Ausladung	mm	150
Größte Prüfhöhe	mm	230
Grundfläche der Maschine	mm	280 × 600
Höhe der Maschine	mm	850
Gewicht etwa	kg	240
Motorleistung etwa	kW	0,25

Bild 47   „BRIRO-AUTOMAT SO 5"

Maschinenbeschreibung Gruppe II

Bezeichnung:	Härteprüfmaschine „BRIRO-AUTOMAT SO 5"
Art der Prüfung:	Rockwellprüfung
Verwendungszweck:	Automatische Prüfung schwerer, sperriger oder hoher Werkstücke

Prüfbelastungen und Prüfkörper:

	Gesamtlast in kg				
	62,5	62,5	100	150	187,5
Prüfkörper	Kugel 2,5 mm ⌀	Diamantkegel 120°	Kugel $^1/_{16}$"	Diamantkegel 120°	Kugel 2,5 mm ⌀

Kurzbeschreibung: Rockwell-Prüfautomat in Sonderausführung mit von Hand in der Höhe verstellbarem Winkeltisch. Belastungs- und Meßeinrichtung wie beim normalen „BRIRO-AUTOMAT"; jedoch Aufbringen der Last durch Abwärtsbewegung des Prüfgerätes auf den nichtbewegten Prüfling. Antrieb der Bewegung hydraulisch mit stufenloser und voneinander unabhängiger Regelung der Belastungs- und Einlegezeit. Auswechselbare Laststufenfedern, Diamantschutz und kraftschlüssig aufsitzende Meßbüchse zum Ausgleich von Deformationen während der Prüfung. Automatische Nullstellung der Meßuhr, stehenbleibende Meßwertanzeige bis zur nächsten Prüfung. Einstellbare Härtetoleranzen. Farbige Lichtsignale für die Ergebnisse „gut", „zu hart", „zu weich". Durch elektrische Sonderschaltung kann wahlweise kontinuierlich oder mit einzelnen Prüfspielen gearbeitet werden. Hierbei Betätigung durch Fußschalter.

Abmessungen und Gewicht:

Ausladung	mm	155
Größte Prüfhöhe	mm	750
Höhe der Maschine	mm	1880
Grundfläche	mm	450 × 710
Tischfläche	mm	265 × 1000
Motorleistung etwa	kW	0,25
Gewicht etwa	kg	785

Bild 48   „BRIRO KH 1"

Maschinenbeschreibung Gruppe II

Bezeichnung: Härteprüfmaschine „BRIRO KH 1"
Art der Prüfung: Rockwellprüfung
Verwendungszweck: Für Haupt- und Kurbelzapfen an Kurbelwellen

Prüfbelastungen und Prüfkörper:

	Gesamtlast in kg				
	62,5	62,5	100	150	187,5
Prüfkörper	Kugel 2,5 mm ⌀	Diamant-kegel 120°	Kugel $^1/_{16}''$ ⌀	Diamant-kegel 120°	Kugel 2,5 mm ⌀

Kurzbeschreibung: Sondermaschine mit höheneinstellbarem und hydraulisch arbeitendem Ausleger und radial verfahrbarem Härteprüfgerät, sowie einem auf Führungen laufenden Kurbelwellen-Aufnahmewagen.
Härteprüfung auf jedem Haupt- und Kurbelzapfen, an jedem Punkt des Umfanges und der Länge bis dicht an die Bunde heran. Schnelle Einstellbarkeit von Prüfkopf und Welle durch Rasten für Winkel- und Längeneinstellungen.
Bedienung durch hand- oder fußbetätigte Druckknopfschalter. Anzeige der Härte auf der Meßuhr und gleichzeitig bei Toleranzprüfung Lichtanzeige grün, weiß, rot entsprechend „zu weich", „gut" und „zu hart".

Abmessungen und Gewichte:

Größte Ausladung	mm	290
Größte Prüfhöhe über Schienenkante	mm	380*)
Grundfläche der Maschine	mm	780×1200*
Höhe der Maschine (Tischausführung)	mm	1500
Gewicht der Maschine etwa	kg	720*)

*) Diese Maße und Gewichte sind nicht allgemein gültig, sondern richten sich nach den Abmessungen der zu prüfenden Kurbelwellen

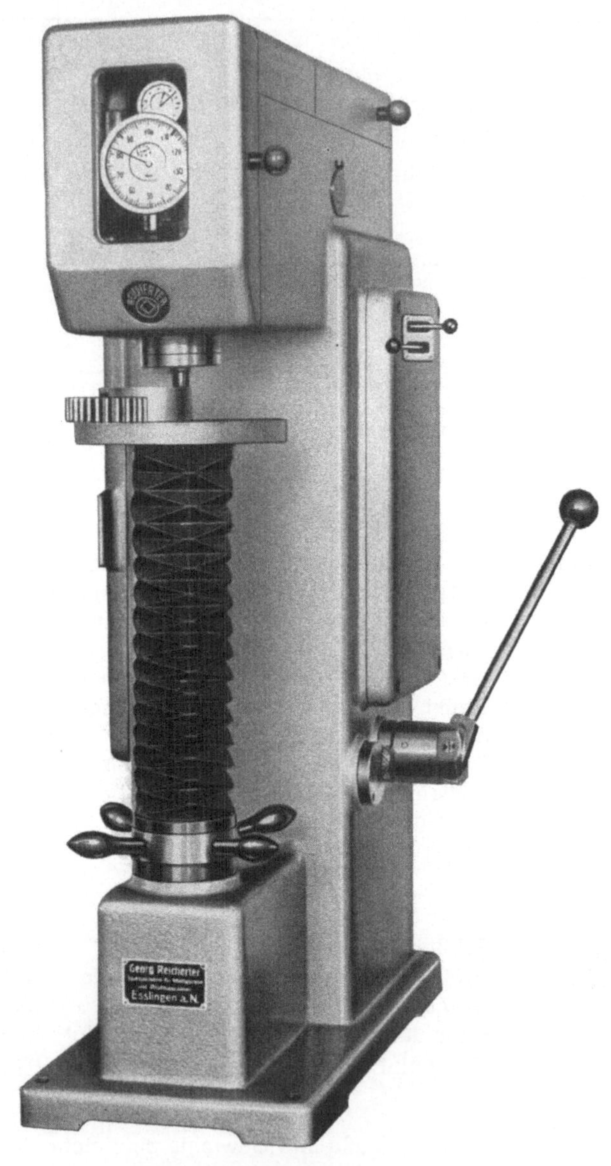

Bild 49 ,,BRIRO E''

Maschinenbeschreibung Gruppe II

Bezeichnung:	Härteprüfmaschine „BRIRO E"
Art der Prüfung:	Ermittlung der Härtetiefe und der Rockwell-Härte
Verwendungszweck:	Für im Einsatz gehärtete Werkstücke

Prüfbelastungen:	187,5 und 1000 kg
Prüfkörper:	Diamantkegel 120°

Kurzbeschreibung: Gewichtsbelastete Maschine mit Ölbremse zur Regelung der Belastungsgeschwindigkeit. Vorlast 10 kg. Kraftschlüssig aufsitzende Meßbüchse zum Ausgleich von Deformationen während der Prüfung. Diamantschutz. Direkte Meßuhrablesungen. Härtetiefenermittlung durch Tabelle. Gleichzeitig Härteprüfungen HRc und HR 62,5 durch entsprechend unterteilte Belastungsgewichte, die nach Bedarf ein- oder abgeschaltet werden können. Auswechselbare Prüfköpfe und Prüflingsaufnahme-Vorrichtungen Zentrale Anordnung der Bedienungsorgane. Meßbereich: 0,2—1,5 mm Härtetiefe

Abmessungen und Gewicht:

Ausladung	mm	150
Größte Prüfhöhe	mm	350
Grundfläche	mm	260 × 560
Höhe	mm	920
Gewicht etwa	kg	230

Beispiele für die Rockwellprüfung

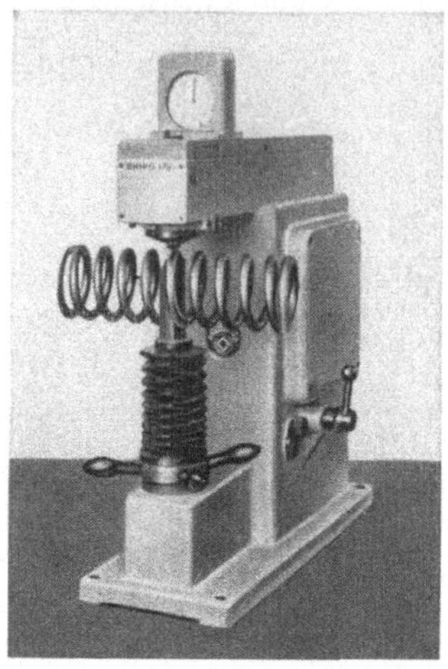

Bild 50

Prüfling: Schraubenförmige Druckfeder

Prüfbedingungen: HRc = 38—42

Maschinentype: „BRIRO UVn" Gr. II

Sondereinrichtung: Auflagestütze und Sonderprüfkopf mit Pufferbüchse für sehr kleine Teile

Prüfergebnis: Ablesung an der Meßuhr HRc = 41

Bemerkung: Bei Drahtdurchmessern unter 10 mm ist der abgelesene Wert nach der Tabelle auf Seite *69* zu korrigieren. Falls der lichte Abstand zwischen zwei benachbarten Federwindungen zu gering ist und das Durchstecken einer Stütze nicht zuläßt, können die Federn, sofern sie durch die Einspannkraft der Maschine keine große elastische Verformung erfahren, in ein Prisma gelegt werden. Ist jedoch eine unzulässige Verformung zu befürchten, so werden die Federn zweckmäßig auf einen einseitig eingespannten Dorn gesteckt (siehe Rohrprüfung Bild 51).

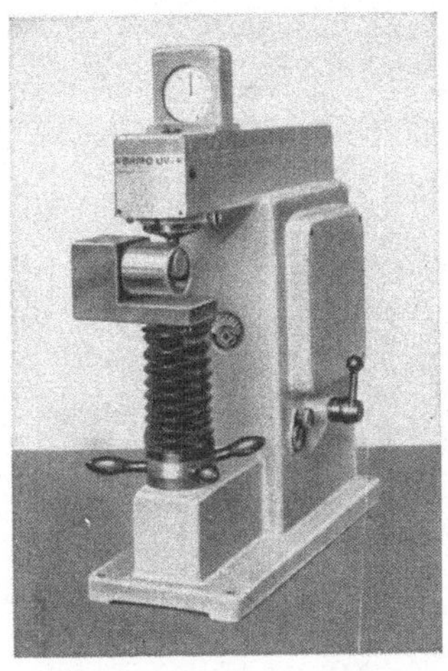

Bild 51

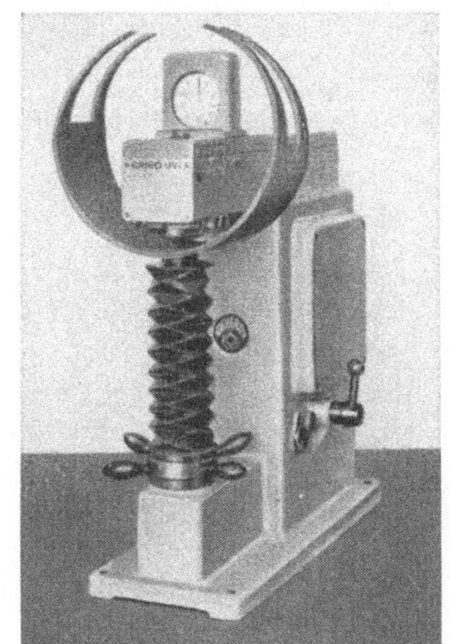

Bild 52

Prüfling: Rohrstück aus Kohlenstoffstahl

Prüfbedingungen: HB 30 = 124—130

Maschinentype: „BRIRO UVn" Gr. II

Sondereinrichtung: Prüfkopf mit $^1/_{16}''$ Kugel, Aufnahmedorn für den Prüfling

Prüfergebnis: Ablesung HRb = 74,6 (entsprechend HB 129)

Bemerkung: Die Rockwell-B-Prüfung mit 100 kg Prüfdruck und $^1/_{16}''$ Kugel ergibt bei Meßuhreinstellung von 130 (statt 0) 74,6. Die Tabelle auf Seite *49* zeigt für diesen Wert an: HB 30 = 129. Die vorgeschriebene Toleranz ist also eingehalten.

Prüfling: Große ringförmige Feder aus Flachstahl

Prüfbedingungen: HRc = 48—52

Maschinentype: „BRIRO UVn" Gr. II

Sondereinrichtung: Prüfkopf mit schwach abgerundeter Auflagefläche (Abrundungsradius kleiner als Innenradius der Feder). Flacher Auflagetisch.

Prüfergebnis: Ablesung HRc = 51

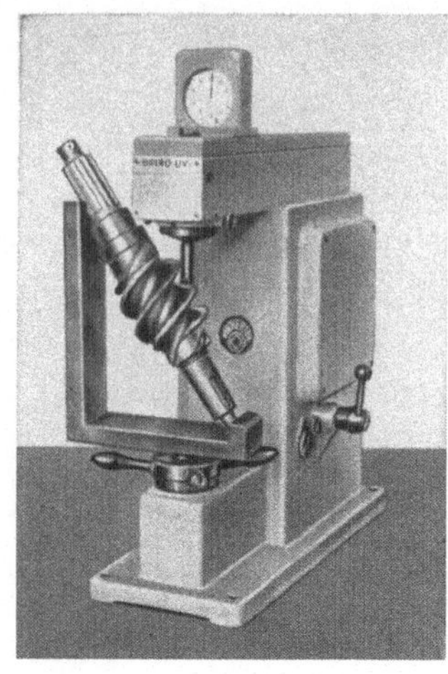

<table>
<tr><td>Bild 53</td><td>Bild 54</td></tr>
</table>

Prüfling: Schnecke, einsatzgehärteter Spezialstahl

Prüfbedingungen: HRc = 60—64 auf der Zahnflanke

Maschinentype: „BRIRO UVn" Gr. III

Sondereinrichtung: Sonderprüfkopf mit verlängertem Diamanthalter. Sonderauflage für den Prüfling.

Prüfergebnis: Ablesung 61 HRc

Bemerkung: Die Schnecke wird schräg gestellt und gegen den Prüfkopf gespannt. Letzterer ist schlank, damit die Härteprüfung auf der Flanke möglich ist. Bei einer Härtetiefe von 0,8—1 mm kann die Prüfung mit 150 kg (Rockwell-C) ausgeführt werden.

Prüfling: Zahnkranz

Prüfbedingungen: HRc 62—65 auf der Flanke

Maschinentype: „BRIRO UVn" Gr. II

Sondereinrichtung: Sonderprüfkopf und Aufnahmevorrichtung mit Auflageanschlag und Fixierbolzen

Prüfergebnis: Ablesung 64 HRc

Bemerkung: Rockwellprüfung auf Zahnflanken erfordert zur Einspannung mindestens Modul 4. Bei kleinerem Modul Prüfung nach Vickers (s. Gruppe III).

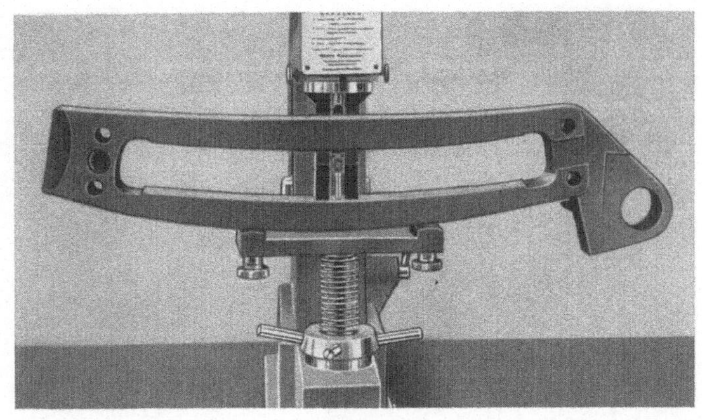

Bild 55

Prüfling: Lokomotivkulisse, gehärtetes Stahlmaterial

Prüfbedingungen: HRc 58—62

Maschinentype: „BRIRO UVn" Gr. III

Sondereinrichtung: Innenprüfkopf und Sonderauflage

Prüfergebnis: Meßuhrablesung HRc 61

Bemerkung: Die Kulisse soll auf ihren inneren Gleitflächen geprüft werden. Diese Prüfung ist sowohl auf der konkaven als auch auf der konvexen Seite möglich.

Bild 56   Bild 57

Prüfling: Maschinenteil einsatzgehärtet

Prüfbedingungen: HRc 59—63 auf dem Zapfenumfang

Maschinentype: „BRIRO UVn" Gr. III

Sondereinrichtung: Sonderprüfkopf, Vorrichtung für die Lagerung des Prüflings, Prüftisch 240 mm ⌀

Prüfergebnis: Meßuhrablesung HRc 61

Bemerkung: Die Haltevorrichtung für den Prüfling hat umsteckbare Auflagebolzen, so daß der Zapfen auf einem großen Teil seines Umfanges geprüft werden kann. Bei einer Einsatztiefe von 1—1,2 mm ist Rockwell-C-Prüfung möglich.

Prüfling: Fahrrad-Bremsnabe

Prüfbedingungen: HRc = 60—65 auf der induktionsgehärteten Innenfläche

Maschinentype: „BRIRO UVn" Gr. II

Sondereinrichtung: Innenprüfkopf mit selbsteinstellender Druckplatte und Sonder-Diamanthalter. Sonderauflageprisma mit Endanschlag.

Prüfergebnis: Meßuhrablesung HRc 62

Bemerkung: Prüfung erfolgt auf dem zylindrischen Teil der Bohrung.

84

Bild 58

Prüfling: Schwere Nockenwelle

Prüfbedingungen: Rockwellprüfung auf dem Umfang der Nocken

Maschinentype: „BRIRO 112"

Sondereinrichtung: Universale Aufnahmevorrichtung mit Einstellmöglichkeiten der Welle in Längs-, Quer- und Höhenrichtung. Ferner ist Drehung um die Wellenachse möglich. Lagerung in halben Lagerschalen. Sicherung gegen Verdrehung durch Einspannung der Wellen am Ende und selbsthemmenden Schneckenantrieb für die Drehung.

Bild 59

Prüfling:	Großes schrägverzahntes Stirnrad
Prüfbedingungen:	Rockwellprüfung auf der Zahnflanke
Maschinentype:	„BRIRO-RADIAL"
Sondereinrichtung:	Sonderprüfkopf mit hakenförmiger Verlängerung zur Erzielung einer kraftschlüssigen Auflage des Prüfkopfes auf der Zahnflanke. Diamanthalter ebenfalls hakenförmig. Auflagevorrichtung aus zwei unabhängig voneinander einstellbaren Säulen mit Auflageprismen. Aufnahme der tangentialen Spann- und Prüfdrücke durch dritte Stütze.
Bemerkung:	Bei Schrägverzahnung entsprechende Schrägstellung der Räder.

Bild 60

Prüfling: Lagerbüchse für Fahrradnaben

Prüfbedingungen: Rockwellprüfung auf der Kugellaufbahn

Maschinentype: „BRIRO UVKn"

Sondereinrichtung: Verlängerter Sonderprüfkopf mit exzentrischer Spannung auf Prüflingsoberkante. Schräges, ungleichseitiges Aufnahmeprisma. Einlegen außerhalb der Prüfstelle; dann Einfahren auf einer Führung. Sicherung des eingefahrenen Werkstückes durch 2 Blattfedern.

Bemerkung: Dünne Härteschichte verbietet Rockwell-C-Prüfung. Eindrücke am Rande der Laufrille sind möglichst klein zu halten; daher Kleinlastprüfung mit 15 kg Belastung.

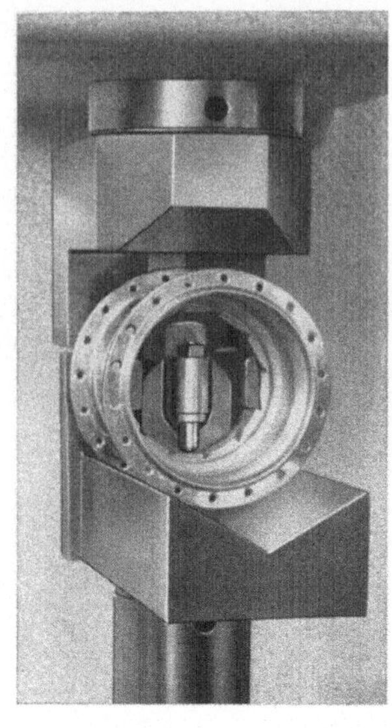

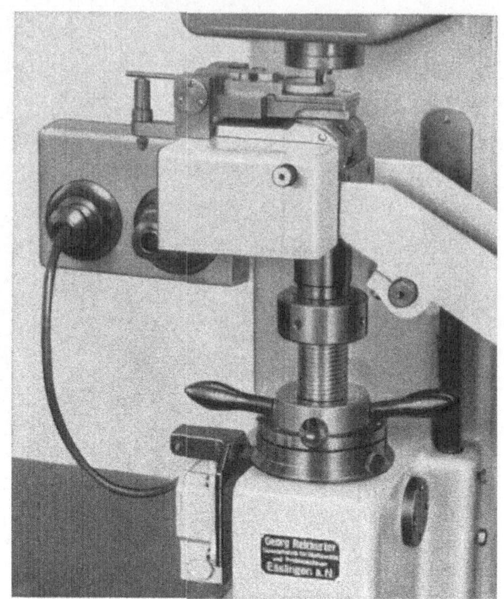

Bild 61

Bild 62

Prüfling: Fahrradnabe

Prüfbedingungen: Serienmäßige Rockwellprüfung auf dünn eingesetzten Gesperrezähnen in der Nabenbohrung.

Maschinentype: „BRIRO-AUTOMAT-KLEINLAST"

Sondereinrichtung: Innenprüfkopf mit 2 hakenförmigen Verlängerungen für die Festspannung in der Bohrung. Gegen Verdrehung gesichertes Auflageprisma mit Endanschlag in axialer Richtung. Prüfung mit 15 kg Belastung.

Prüfling: Lagerring

Prüfbedingungen: Vollautomatische Prüfung auf der vertieft liegenden Innenfläche

Maschinentype: „BRIRO-AUTOMAT"

Sondereinrichtung: Auflagevorrichtung mit Auswerfer und elektromagnetisch betätigter Klappe zur Vergrößerung des Prüflingshubes. Der Auswerfer tritt erst in Tätigkeit, wenn der Prüfkopf aus dem Prüfling herausgetreten ist.

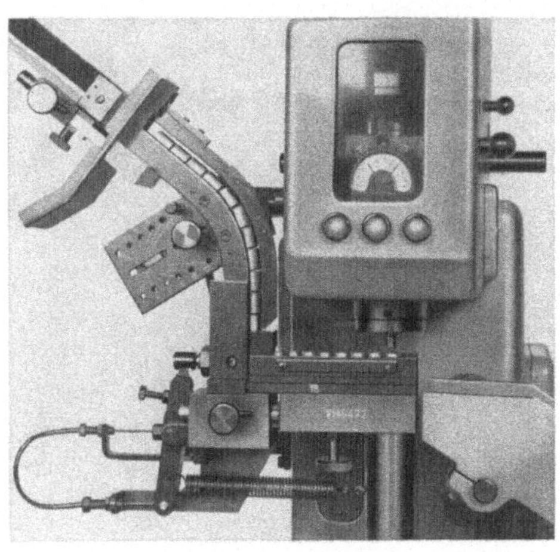

Bild 63

Prüfling:	Wälzlagerrollen
Prüfbedingungen:	Automatische Zuführung bei großen Stückzahlen
Maschinentype:	„BRIRO-AUTOMAT-KLEINLAST"
Sondereinrichtung:	Schütte mit Motorantrieb zur Zuführung der Teile. Prismatische Laufrinne mit Überlaufeinrichtung. Nach Durchmesser und Länge der Prüflinge einstellbare Umlenkführung und getaktete, von der Härteprüfmaschine angetriebene Schalteinrichtung zum Transport der Prüflinge in die Prüfstellung. Abwurf über die Sortierbahn.
Bemerkung:	Durch Prüfung auf der Stirnseite sind die geprüften Rollen auch für den Einbau verwendbar. Wegen Härtetiefe unter 0,4 mm: Prüflast maximal 30 kg. (Siehe Mindeststärkentabelle auf S. *4*.)

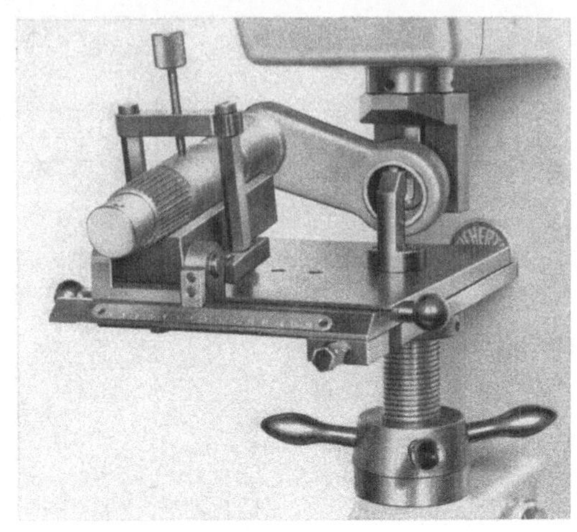

Bild 64

Prüfling:	Fingerhebelwelle, gesenkgeschmiedet und einsatzgehärtet
Material:	EC 80, Härtetiefe 1,8—2,5 mm
Prüfbedingungen:	HRc = 58—60
Maschinentype:	„BRIRO M"
Sondereinrichtung:	Universal einstellbare Aufnahmevorrichtung zur Prüfung in einer kegeligen Bohrung. Auflage auf schwenkbarem Prisma, entsprechend dem Kegelwinkel. Seitliche Verstellung nach Skala entsprechend Hebellänge. Sonder-Innenprüfkopf
Prüfergebnis:	Ablesung 58,5 HRc
Bemerkung:	Die Wellen werden in der Bohrung abgestützt und im Prisma durch eine Schnellspannung gehalten.

Bild 65

Prüfling:	Rundschiffchen für Nähmaschinen
Prüfbedingungen:	Serienmäßige Rockwellprüfung auf der Stirnseite
Maschinentype:	„BRIRO-AUTOMAT-KLEINLAST"
Sondereinrichtung:	In Führungen vor- und zurückschiebbarer Aufnahmebolzen. Ausbildung der Auflagefläche sichert stets gleiche und feste Auflage der Prüflinge. Stets gleiche Stellung des Prüflings durch rückwärtigen Anschlag.

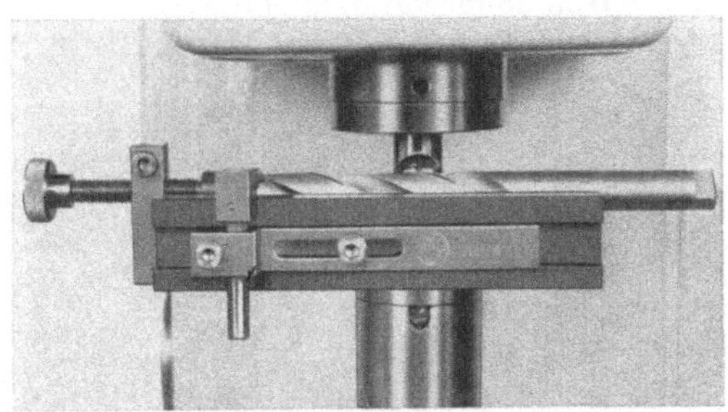

Bild 66

Prüfling:	Spiralbohrer
Prüfbedingungen:	Automatische Rockwellprüfung auf der Fase oder dem Rücken
Maschinentype:	„BRIRO-AUTOMAT"
Sondereinrichtung:	Prismatische Sonderauflage mit verstellbarem Längen- und Seitenanschlag für die Bohrerschneide. Bei Fasenprüfung abgeflachter Sonderprüfkopf mit Beobachtungsmöglichkeit der Prüfstelle.
Bemerkung:	Bei Prüfung auf der Rückenfläche ist bei größeren Bohrern ein normaler Prüfkopf verwendbar.

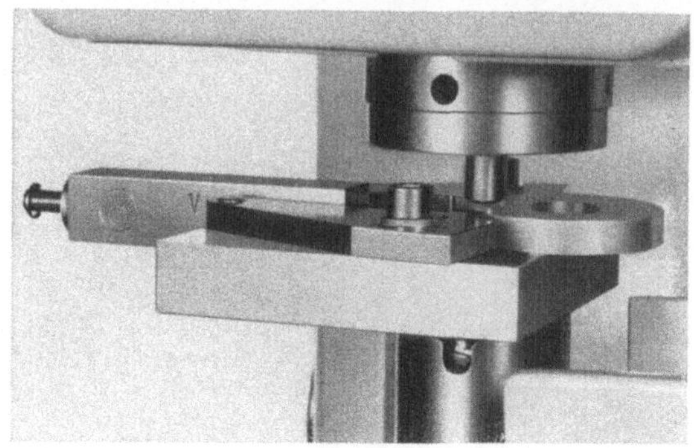

Bild 67

Prüfling:	Scheibenförmiger Ring
Prüfbedingungen:	Automatische Rockwellprüfung auf der Stirnseite
Maschinentype:	„BRIRO-AUTOMAT"
Sondereinrichtung:	Auflage mit verstellbarem Anschlagprisma und federndem Auswerferbolzen
Bemerkung:	Das Prisma ist zweiteilig und auf den jeweiligen Außendurchmesser der Prüflinge einstellbar. Alle Prüfeindrücke sitzen daher auf dem eingestellten Kreis. Auswerferbolzen wirft nach Freigabe des Prüflings diesen in die Sortierbahn aus.

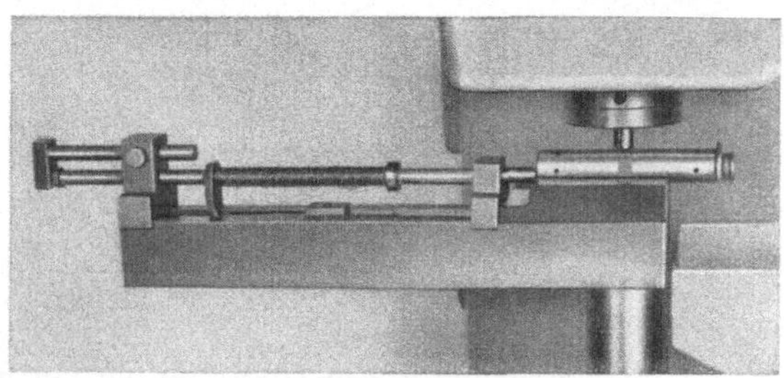

Bild 68

Prüfling:	Bolzen
Prüfbedingungen:	Automatische Rockwellprüfung auf dem Umfang
Maschinentype:	„BRIRO-AUTOMAT"
Sondereinrichtung:	Universal-Prismaauflage mit Auswerfer, einstellbarem Längenanschlag und regelbarem Auswerferdruck.
Bemerkung:	Einlegen von Hand spannt gleichzeitig die Auswerferfeder. Auswerfen in die Sortierbahn.

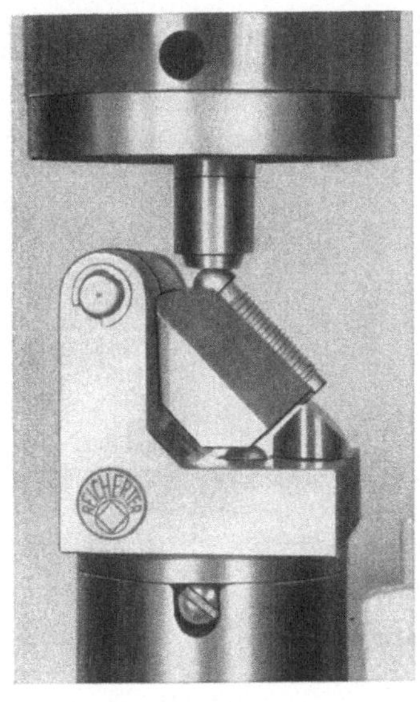

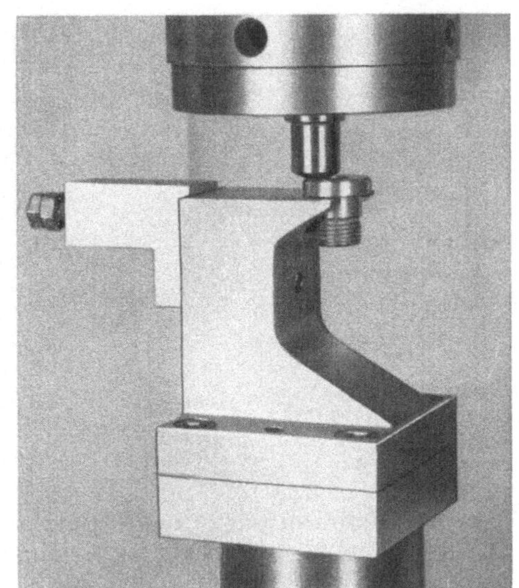

Bild 69   Bild 70

Prüfling:	Kipphebelschraube
Prüfbedingungen:	Automatische Prüfung auf dem Kugelkopf
Maschinentype:	„BRIRO-AUTOMAT"
Sondereinrichtung:	Prüfkopf mit prismatischer Stirnfläche zwecks seitlicher Zentrierung. Schwenkbare Auflagevorrichtung. Aufnahme des axialen Schubes durch schneidenförmigen Anschlag.
Bemerkung:	Nach der Prüfung rutscht der Prüfling von der durch Federdruck angehobenen Auflageklappe über den Schneidenanschlag in die Sortierbahn.

Prüfling:	Ventilträger einer Einspritzpumpe
Prüfbedingungen:	Automatische Rockwellprüfung auf der Stirnseite
Maschinentype:	„BRIRO-AUTOMAT"
Sondereinrichtung:	Auflagetisch mit Aufnahmegabel und federndem Auswerferbolzen
Bemerkung:	Zuführung von Hand. Abwurf selbsttätig auf Sortierbahn.

Prüfling:
Blattfederstab

Prüfbedingungen:
Automatische
Aussortierung nach
Härtetoleranz

Maschinentype:
„BRIRO-AUTOMAT"

Bild 71

Sondereinrichtung: Einlegevorrichtung mit Führungsschienen und Endanschlägen. Auswerfen der geprüften Stäbe in seitlicher Richtung.

Bemerkung: Sortierklappen sind als Leitschienen ausgebildet, gute Stäbe werden nach vorn, zu harte und zu weiche in zwei dahinterliegende Fächer abgeworfen.

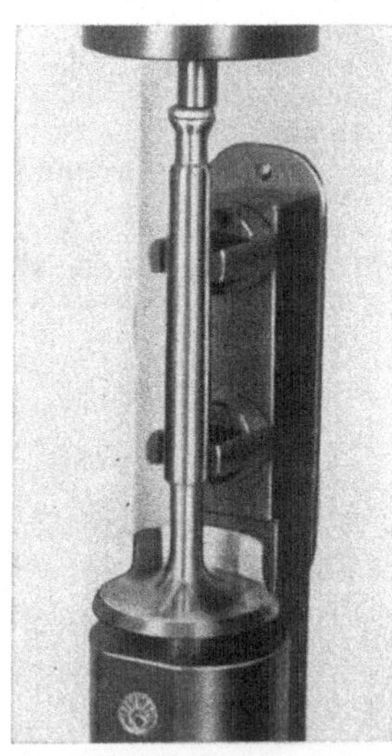

Bild 72

Prüfling: Ventilkörper eines Verbrennungsmotors

Prüfbedingungen: Automatische Rockwellprüfung auf der Stirnfläche

Maschinentype: „BRIRO-AUTOMAT"

Sondereinrichtung: Auflagevorrichtung mit Spitzenaufnahme und seitlichen Anlageprismen zur genauen Fixierung der Prüflingslage.

Prüfling:
Stahlkugeln

Prüfbedingungen:
Automatische Rock-
wellprüfung

Maschinentype:
„BRIRO-AUTOMAT"

Bild 73

Sondereinrichtung: Zuführungsschütte mit Motorantrieb. Die auf geneigter
Bahn zulaufenden Kugeln werden im Takt der Prüfma-
schine unter den Prüfdiamanten geschoben. Sonderprüfkopf, normale Sortierbahn.

Bemerkung: Bei wechselnden Kugeldurchmessern sind mehrere Zu-
führungseinrichtungen erforderlich.

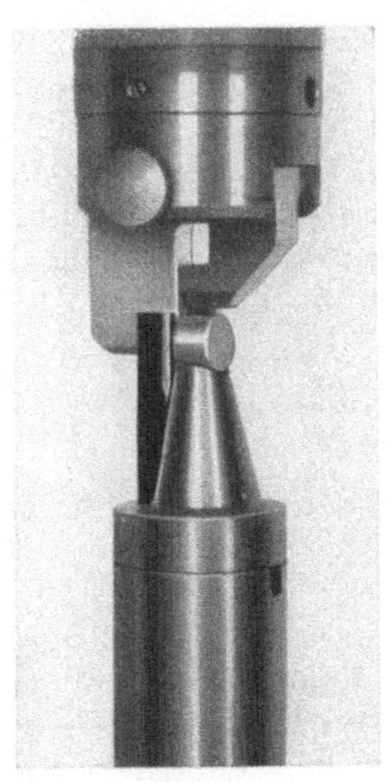

Prüfling: Einseitig geschlossene
Nadellagerbüchse

Prüfbedingungen: Automatische Innenprüfung

Maschinentype: „BRIRO-AUTOMAT"

Sondereinrichtung: Innenprüfkopf mit
Einspannung des Prüflings
auf dem äußeren Umfang.
Sonder-Diamanthalter und
Sonderauflage mit Prisma
und axialem Anschlag.

Bemerkung: Auflegen und Abnehmen
der Prüflinge von Hand.

Bild 74

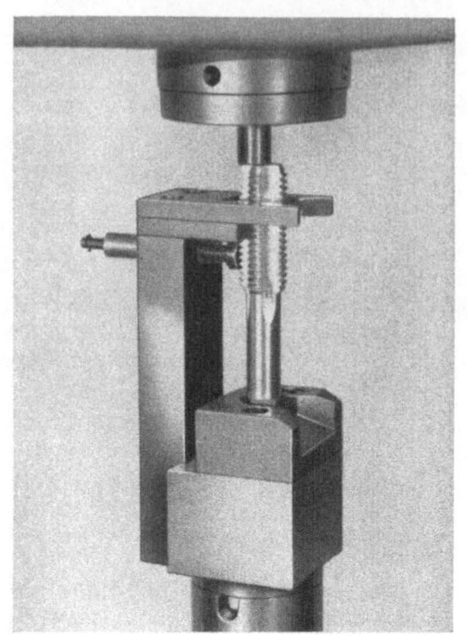

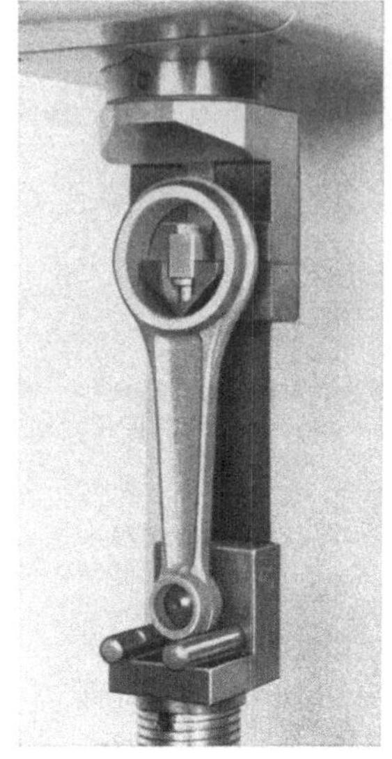

Bild 75   Bild 76

Prüfling:	Gewindebohrer. Material: SS-Stahl
Prüfbedingungen:	Automatische Rockwellprüfung auf der Stirnseite
Maschinentype:	„BRIRO-AUTOMAT"
Sondereinrichtung:	Auflage mit Aufnahme des Bohrers im Zentrierkörnerloch. Fixierung der Stellung durch Einlegegabel. Federnder Auswerferbolzen.
Bemerkung:	Bei genügend großer Stirnfläche kann mit normalem Prüfkopf gearbeitet werden; andernfalls ist Sonderprüfkopf erforderlich. Ablage von Hand oder selbsttätiges Auswerfen auf Sortierbahn.

Prüfling:	Pleuelstange
Prüfbedingungen:	Automatische Rockwellprüfung in der Bohrung, auf der dem Schaft zugekehrten Seite
Maschinentype:	„BRIRO-AUTOMAT"
Sondereinrichtung:	Innenprüfkopf mit Einspannung in der zu prüfenden Bohrung und Sonder-Diamanthalter. Aufnahmevorrichtung mit Auflage auf Kugelzapfen in der unteren Bohrung.
Bemerkung:	Zwei Führungsbolzen erleichtern das Einfahren der Pleuel.

Bild 77

Prüfling:	Kettenlaschen
Prüfbedingungen:	Automatische Prüfung bei selbsttätiger Zuführung
Maschinentype:	„BRIRO-AUTOMAT"
Sondereinrichtung:	Magazin und Schieber, der im Takt der Prüfmaschine jeweils die unterste der im Magazin aufgeschichteten Laschen zur Prüfstelle schiebt und nach der Prüfung auf die Sortierbahn abwirft.
Bemerkung:	Die Magazinfüllung ist durch Benutzung von Sonderhilfsmitteln leicht und schnell möglich.

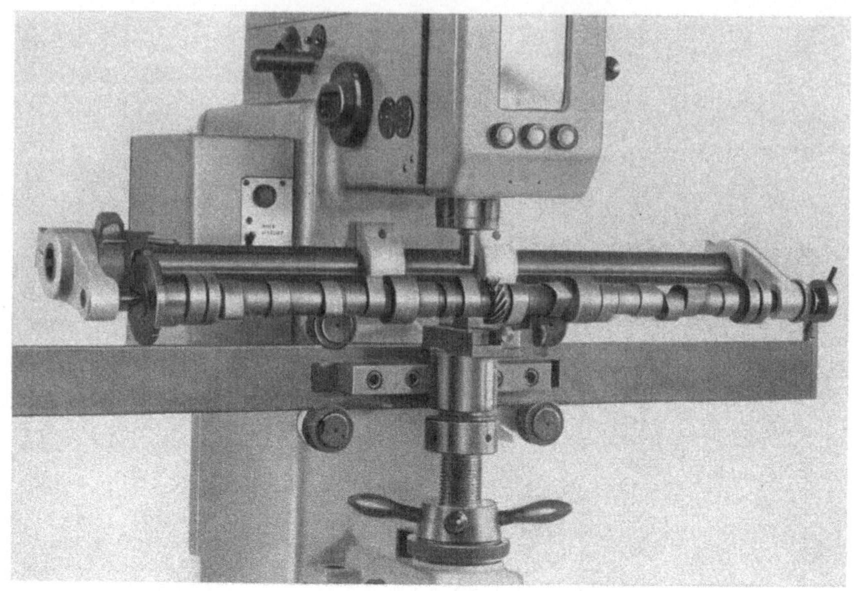

Bild 78

Prüfling: Nockenwelle

Prüfbedingungen: Härteprüfung auf der Nockenspitze, dem Nockengrundkreis, den Lagerstellen und den Zahnköpfen des Antriebsritzels.

Maschinentype: „BRIRO-AUTOMAT" (auch für „BRIRO M" und „BRIRO UVn" verwendbar)

Sondereinrichtung: Aufnahmevorrichtung mit Spitzenspannung auf Rollwagen und Laufschiene zum Durchfahren. Rastenscheibe mit Rastenhebel zur schnellen Einstellung auf die verschiedenen Nockenwinkel. Schiebekeil zur Aufnahme des Prüfdruckes. Sonderschaltung zur wahlweisen Einstellung einer kontinuierlichen Arbeitsweise, oder zur Ausführung von Einzelspielen.

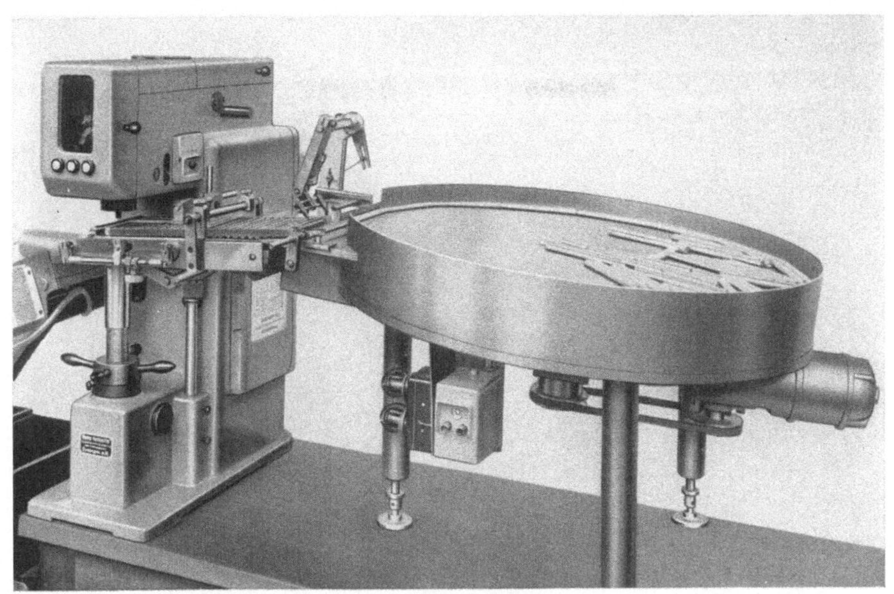

Bild 79

Prüfling:	Bolzen oder Büchsen
Prüfbedingungen:	Vollautomatische Zuführung und Prüfung auf dem Umfang
Maschinentype:	„BRIRO-AUTOMAT"
Sondereinrichtung:	Auf Durchmesser und Länge der Prüflinge einstellbare Universalvorrichtung, bestehend aus: Geneigtem Aufnahmebehälter mit motorisch angetriebener, langsam kreisender Bodenplatte. Die tangential aufwärts laufenden Prüflinge werden von einer getakteten Greifervorrichtung von der Transportscheibe gezogen, rollen auf einer geneigten Bahn zur Prüfstelle. Nach der Prüfung Abwurf in die Sortierbahn.
Bemerkung:	Rollbahnbreite, Anschlag, Greiferhub usw. lassen sich je nach Durchmesser und Länge der zu prüfenden Bolzen einstellen.

Bild 80

Prüfling: Zylindersegmente

Prüfbedingungen: Automatische Härteprüfung auf der zylindrischen Fläche
bei selbsttätiger Zuführung der Prüflinge

Maschinentype: „BRIRO-AUTOMAT"

Sondereinrichtung: Einstellbare Zuführungseinrichtung mit Aufnahmebehäl-
ter und Entnahmeschwinge, Zuführungsbahn mit Über-
laufeinrichtung, getakteter Schalteinrichtung (Drehtisch
mit Transportscheibe) sowie Sortierbahn.

Bemerkung: Die Prüflinge werden durch die motorisch angetriebene
Schwinge vom Behälter über eine Führungsbahn zum
Drehtisch geleitet. Eine synchron schaltende Transportscheibe führt die Werkstücke zur Prüfstelle und zur Sortierbahn.

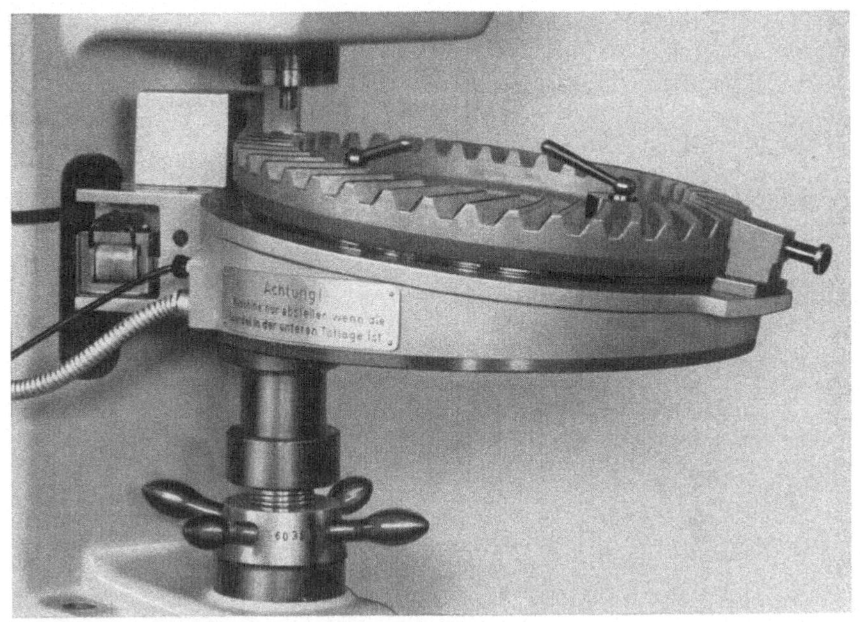

Bild 81

Prüfling: Tellerrad

Prüfbedingungen: Automatische Härteprüfung auf jedem Zahnkopf mit Signierung des Prüfergebnisses

Maschinentype: „BRIRO-AUTOMAT"

Sondereinrichtung: Drehtisch mit getakteter Schaltung von Zahn zu Zahn. Stempeleinrichtung zur farbigen Markierung von Zähnen mit zu hoher oder zu geringer Härte. Antrieb der Schaltung durch Bowdenzug von der Hydraulik der Maschine aus.

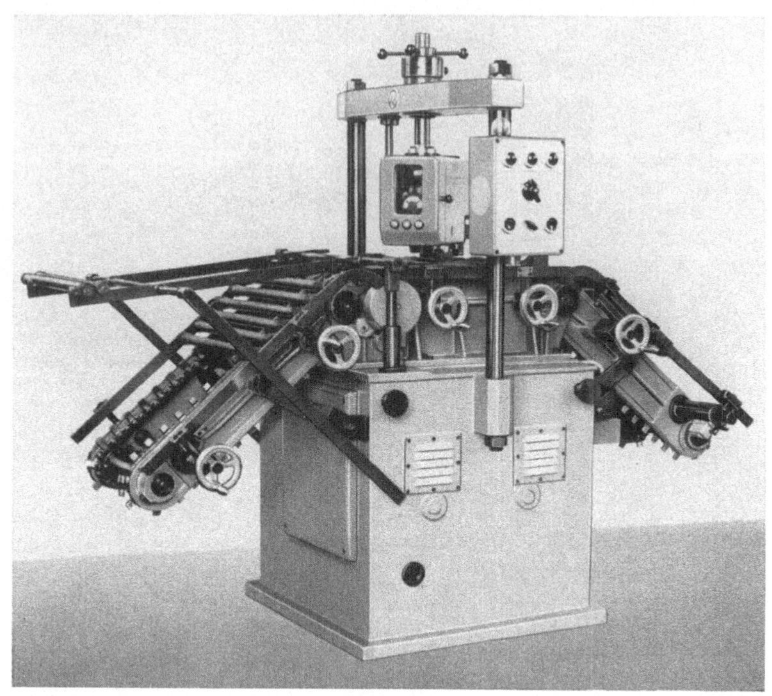

Bild 82

Prüfling: Stäbe oder Achsen

Prüfbedingungen: Automatische Härteprüfung bei selbsttätiger Zuführung und Sortierung nach Toleranzen

Maschinentype: Sondermaschine „BRIRO FH"

Sondereinrichtung: Einstellbare Transportketten für Zu- und Ableitung der Prüflinge. Selbsttätige Abschaltung bei nicht maßgerechten Prüflingen.

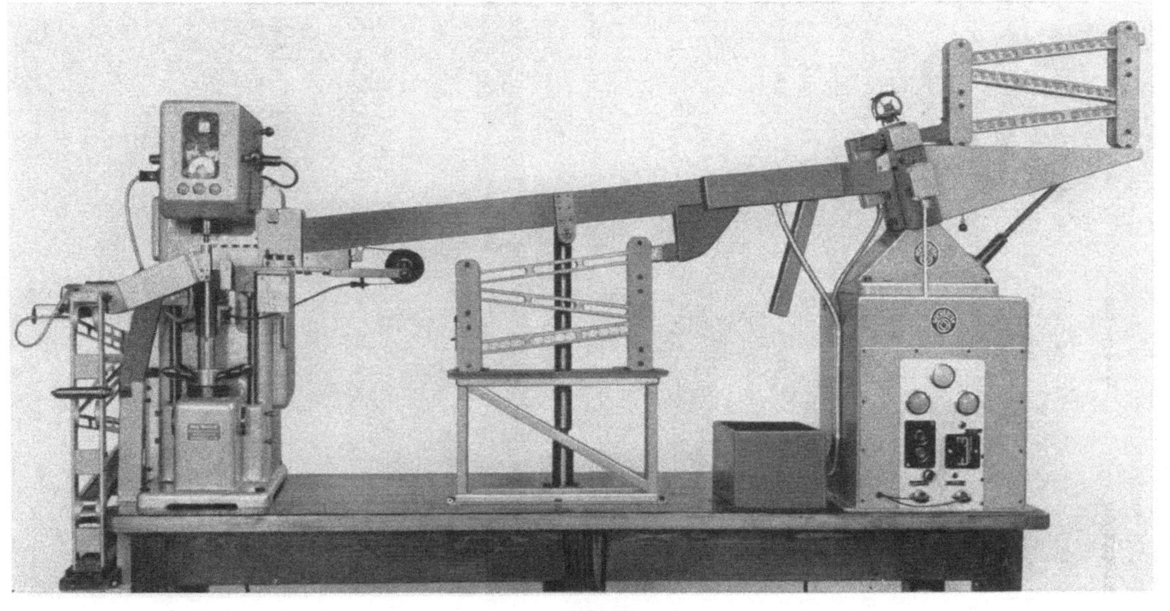

Bild 83

Prüfling: Ventilstößel

Prüfbedingungen: Automatische Durchmesserkontrolle an zwei Stellen und Härteprüfung auf der Stirnseite

Maschinentypen: Meßmaschine und „BRIRO-AUTOMAT"

Sondereinrichtung: Zuführungsmagazine, Sortiereinrichtungen, Zulaufbahn, Wendeeinrichtung, getaktete Vorschubeinrichtung.

Bemerkung: Die maßhaltigen Stößel werden durch eine Wendeeinrichtung in vertikale Lage gebracht. Bei Prüflingsüberschuß am „BRIRO-AUTOMAT" selbsttätige Abschaltung und Wiedereinschaltung der Meßmaschine.

Die automatische Rockwellprüfung

Aus vorstehenden Prüfbeispielen ist ersichtlich, daß die automatische Härte-prüfung bereits in vielen Fertigungszweigen Eingang gefunden hat.

Die Großserienfertigung verlangt auch eine serienmäßige Härteprüfung in der Fertigungsstraße. Dafür kommt in erster Linie das Rockwellverfahren in Betracht, weil es bei dem heutigen Stand der Technik das einzige genormte Prüf-verfahren ist, das eine selbsttätige Beurteilung und Aussortierung der Prüf-linge ermöglicht.

Automatische Rockwellgeräte werden in Bau- und Arbeitsweise stark von den betrieblichen Bedingungen beeinflußt. Bei Leistungen bis zu 900 Prüfungen stündlich sind möglichst masselose Belastungseinrichtungen vorzusehen. An-stelle der Ermittlung von Einzelwerten ist die Beurteilung nach Toleranzberei-chen getreten. Optische oder akustische Anzeigevorrichtungen werden mit elektrisch gesteuerten Sortieranlagen gekuppelt.

Die Zuführung der Prüflinge wird nach Möglichkeit direkt von der im Fertigungs-fluß vorangehenden Bearbeitungsmaschine, oder von einem Sammelbehälter ebenfalls selbsttätig vorgenommen. Der Arbeitstakt wird den vor- und nachgeordneten Maschinen angeglichen, wobei durch besondere Vorkehrun-gen ein Stauen der Prüflinge oder ein Leerlauf automatisch verhindert werden kann.

Der im Gegensatz zum Prüflabor rauhe Werkstattbetrieb verlangt unempfind-liche gut gekapselte Maschinen, eine stehenbleibende Meßwertanzeige, leichte Regelung der Prüfgeschwindigkeit sowie einen schnellen Wechsel von Prüf-körper und Prüflast.

Eine einfache Auswechselbarkeit der Sondervorrichtungen, insbesondere der Prüflingsauflagen, ist Voraussetzung für eine Umstellbarkeit der Maschine auf einen anderen Prüfling.

Maßgebend für die zweckmäßigste Ausstattung der Maschine ist stets der Prüfling selbst, und da im Rahmen dieses Handbuches nur ein sehr kleiner Teil von bereits ausgeführten Anlagen gezeigt werden kann, empfiehlt es sich, für die Planung einer neuen automatischen Prüfung das zu prüfende Teil auf die zweckmäßigste Arbeitsweise hin beurteilen zu lassen.

Gruppe III Die Pyramidenhärteprüfung nach Vickers

Die aus England stammende Vickersprüfung hat auch in Deutschland und anderen Ländern weitgehend Eingang gefunden. Sie hat mit der Brinellprüfung sehr viel Ähnlichkeit. Beiden ist gemeinsam, daß der erzeugte Eindruck mit Hilfe eines Mikroskopes ausgemessen wird. Die nachstehend abgedruckte DIN-Vorschrift 50133 behandelt dieses Prüfverfahren eingehend.

Begriff

1. Die Vickershärte oder Pyramidenhärte HV eines Werkstoffes ist das Verhältnis der aufgewendeten Belastung zu der Oberfläche des bleibenden Eindruckes einer 4seitigen Diamantpyramide von bestimmter Form.

Anwendungsbereich

2. Das Verfahren ist für fast alle metallischen Werkstoffe anwendbar. Es eignet sich besonders für sehr kleine, sehr harte und sehr dünne Probestücke sowie für Härteprüfungen von Einsatz- und Nitrierschichten. Das Verfahren verursacht nur unwesentliche Beschädigungen des Probestückes. Für stark fließende Metalle sind die nachstehenden Prüfbedingungen nicht ohne weiteres anwendbar.

Proben

3. Die Prüffläche muß eben und blank sein (feingeschliffen, Schmirgel 000); bei der Zurichtung der Proben muß jede Veränderung der Oberfläche durch Erwärmen oder Härten vermieden werden.

4. In der Regel darf die Probe oder die Härteschicht nicht dünner sein als ungefähr das 1,5fache der Eindruckdiagonale. Auf keinen Fall darf auf der Unterseite der Probe nach dem Versuch eine Druckstelle sichtbar oder die Härteschicht eingedrückt sein. Bei gewölbten Proben muß die Prüffläche soweit möglich eben geschliffen werden, andernfalls siehe Abschnitt 10.

Prüfvorrichtung

5. Der Eindringkörper ist eine regelmäßige 4seitige Diamantpyramide. Der Winkel zwischen den gegenüberliegenden Flächen beträgt 136°. Die Abweichung von dem Sollwert darf nicht größer sein als $\pm 20'$. Die Form der Pyramide soll optisch nachgeprüft sein.

6. Der Diamant ist vor Stoß und Schlag zu schützen und auf einwandfreie Oberflächenbeschaffenheit (Freiheit von Poren, Rissen und ähnlichen Beschädigungen) öfter nachzuprüfen, am besten durch mikroskopische Beobachtung bei mittlerer Vergrößerung. Zeigen sich schadhafte Stellen, so ist der Diamant nachzuschleifen.

7. Die Regellasten sind 10, 30 und 60 kg. Für Sonderzwecke können auch andere Belastungen (siehe Punkt 10) angewendet werden.

8. Die Diagonalen des Eindrucks sind mikroskopisch mit Okular- oder Projektionsbeobachtung auszumessen. Die Meßeinrichtung muß Längen der in Frage kommenden Größenordnung bis auf $\pm 2\,\mu$ genau auszumessen gestatten.

Ausführung der Prüfung

9. Die Prüffläche muß senkrecht zur Druckrichtung liegen. Die Probe muß satt auf der Unterlage aufliegen.

10. Die Prüflast P muß der Dicke der Probe angepaßt sein (siehe Punkt 4). Sie ist im allgemeinen so groß wie möglich zu wählen. Bei oberflächengehärteten Proben muß die Prüflast um so niedriger sein, je dünner die Härteschicht ist. Zu beachten ist dabei, daß die Eindrucktiefe etwa $^1/_7$ der Eindruckdiagonale ist. Bei gewölbten Proben, deren Prüffläche nicht eben geschliffen werden kann (siehe Punkt 5), muß die Prüflast so klein gewählt werden, daß der Unterschied zwischen der Länge der Eindruckdiagonale d und der des entsprechenden Bogens unter 0,01 mm bleibt; einen Anhalt gibt die nachstehende Zahlentafel.

Krümmungshalb- messer der Probe r mm	größte zulässige Eindruckdiagonale d mm
1,0	0,6
1,4	0,8
2,0	1,0
3,0	1,3
4,0	1,6
5,0	1,8
8,0	2,5
10,0	2,9
20,0	4,6

11. Die Prüflast P ist stoß- und schwingungsfrei in etwa 15 Sekunden aufzubringen und in der Regel 30 Sekunden lang auf ihrem Höchstwert zu belassen. Entsprechend DIN 50351 (Härteprüfung nach Brinell) genügen für Stahl von H $\geqq$ 140 kg/mm² 10 Sekunden.

12. Der Abstand zwischen der Mitte eines Eindrucks und dem Umfang des benachbarten Eindrucks oder dem Rande der Probe soll im allgemeinen mindestens das 3fache der Diagonale des Eindrucks betragen.

13. Die Länge der Diagonale d ist bis auf 2 μ genau auszumessen, bei Längen über 0,5 mm ist eine Unsicherheit von 5 μ zulässig. Maßgebend ist der Mittelwert aus beiden Diagonalen.

14. Die Oberfläche O (in mm²) des Eindrucks wird wie folgt berechnet:

$$O = \frac{d^2}{2 \cdot \cos 22°} = \frac{d^2}{1,8544}$$

15. Die Vickershärte ist

$$HV = \frac{P}{O} = \frac{P \cdot 1,8544}{d^2} ;$$

sie wird in kg/mm² angegeben.

16. Die Härte ist bei Zahlen unter 25 auf 0,1, darüber auf ganze Zahlen gerundet anzugeben.

17. Die Vickershärte ist unabhängig von der Belastung und stimmt bis zu einer Härte von 300 kg/mm² mit der Brinellhärte praktisch überein.

18. Zur Kennzeichnung der angewendeten Prüflast ist zum Kurzzeichen HV noch die Prüflast anzufügen, z. B. HV 30 für die Regelbelastung von 30 kg.

Kommentar zum DIN-Blatt 50133

Den verschiedenen Punkten der vorstehenden Norm seien noch einige Erläuterungen hinzugefügt.

Zu 1. Die Belastung wird hierbei in kg und die Eindruckoberfläche in mm² angegeben.

Zu 2. Während die Brinellprüfung vornehmlich für weichere und die Rockwellprüfung für härtere Prüflinge geeignet ist, kann die Vickersprüfung sowohl für weiche als auch für harte Werkstoffe mit gleicher Zuverlässigkeit Anwendung finden. Außer der Makrohärteprüfung, die bis herunter zu 1 kg Belastung gerechnet werden kann, findet für sehr dünne Einsatz-

oder Nitrierschichten die Kleinlast-Härteprüfung Verwendung, deren
hauptsächlicher Arbeitsbereich zwischen 100 g und 3 kg liegt. Für
Gefügeuntersuchungen beginnt die Mikrohärteprüfung (Belastung etwa
5—100 g) sich einzuführen, auf die hier aber nicht näher eingegangen
werden soll, da sie für die betriebsmäßige Härteprüfung kaum in Frage
kommt.
Bei der Härteprüfung sehr weicher Werkstoffe, wie Blei, ist nur eine ver-
gleichsweise Prüfung möglich und das auch nur dann, wenn stets die
gleichen Belastungszeiten eingehalten werden; denn die Zeiten bis zum
Aufhören des Fließens sind beträchtlich.

Zu 3. Durch Schleifen, Polieren oder Läppen treten sehr leicht Härteänderun-
gen an der Oberfläche auf. Mechanisches Polieren ergibt, ausgenom-
men bei Blei, eine Härtung der Oberfläche. Durch elektrolytisches Polieren erfolgt ein Abtragen von Material und damit ein Weicherwerden der
Oberfläche. Dünne Folien werfen sich auch leicht beim Verfeinern der
Oberfläche.

Zu 4. Über die Mindeststärken von Prüflingen bei verschiedenen Härten gibt
die Tabelle auf Seite *5* Aufschluß.

Zu 5. Die Einhaltung der vorgeschriebenen Toleranzen ist wegen der einfachen geometrischen Form der Vickersdiamanten leichter möglich als
beim Rockwelldiamanten mit seiner kugelförmig abgerundeten Spitze.

Zu 6. Auch die laufende Kontrolle des Diamanten ist dadurch erleichtert, daß
man schadhafte Stellen meistens an der Unregelmäßigkeit des im Mikroskop oder in der Projektion betrachteten Eindruckes erkennt.

Zu 7. Vickersdiamanten werden in der Praxis mit max. 120 kg belastet. Die
Belastungen sollen so groß wie möglich gewählt werden, da dann die
Auswertung der Eindrücke leichter und genauer geschehen kann. Maßgebend für die größtmögliche Belastung sind Stärke der Prüflinge oder
der Härteschichte sowie die Größe der Prüfstellen.

Zu 8. Wie bei der Brinellprüfung ist für gelegentliche Prüfungen, z. B. im
Prüfraum oder Laboratorium das Einblickmikroskop ausreichend,
während bei ständigem Prüfen die Projektionseinrichtung vorzuziehen
ist. Die in der Norm genannte Meßmöglichkeit von $2\,\mu$ wird beim
„BRIVISKOP 187,5" und beim „BRIVISOR KL 2" unterschritten. Auf
beiden Maschinen sind $1\,\mu$ abzulesen und Bruchteile davon noch gut
zu schätzen.

Zu 9. Wenn bei schrägliegenden Prüfflächen oder bei zylindrischen Werkstücken der auf dem Umfang prüfende Diamant sich nicht genau senkrecht auf die Fläche aufsetzt, so ergeben sich schiefe Eindrücke (siehe
Bild 84). Ist die Unregelmäßigkeit nicht groß, so kann durch Mittelwerts-

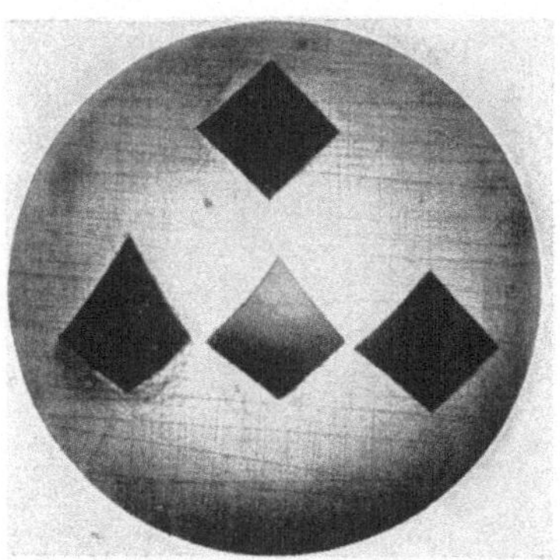

Bild 84   Vickerseindrücke auf zylindrischer Fläche

bildung aus beiden gemessenen Diagonalen noch ein einwandfreier Härtewert erhalten werden. Schon bei 3° Schräglage können beide Diagonalen über 3% in der Länge voneinander abweichen. Bei sehr genauen Messungen empfiehlt sich daher ein schwenkbarer Auflagetisch. Eine Ausführungsform ist in Bild 85 dargestellt.

Zu 10. Die DIN-Tabelle für die größte zulässige Eindruckdiagonale führt zwar zu Eindrücken, deren Verzerrung noch zulässig ist; dagegen werden die Eindrücke im Verhältnis zur Prüflingsbreite zu groß und damit ist dem Punkt 12 der DIN-Vorschrift in gewissem Sinne nicht mehr entsprochen. Es besteht die Gefahr, daß das Material an den Enden der kurzen Diagonalen ohne großen Widerstand zur Seite gedrückt wird. Wir würden sagen: Das Verhältnis Diagonallänge : Prüflingsdurchmesser sollte den Wert 0,2 nicht übersteigen.

Zu 11. Die Stoß- und Schwingungsfreiheit der Lastaufbringung ist bei allen Geräten von Rang durch einstellbare Bremsen gewährleistet, so daß die Lastaufbringung keine besondere Sorgfalt erfordert.

Zu 12. Die Einhaltung dieser Vorschrift ist erforderlich, da sonst das den Eindruck umgebende Material dem Eindringen des Diamanten zu wenig Widerstand entgegensetzen würde. Die Folge wäre ein zu geringer Härtewert.

Zu 13. Die verlangte Meßsicherheit wird bei allen hierfür in Frage kommenden Maschinen der „BRIVISKOP"- und „BRIVISOR"-Reihen ohne weiteres erreicht. Beim „BRIVISKOP 187,5" entspricht ein Intervall von etwa 5 mm am Mikrometer 0,001 mm am Eindruck, so daß 0,0001 mm noch interpoliert werden können.

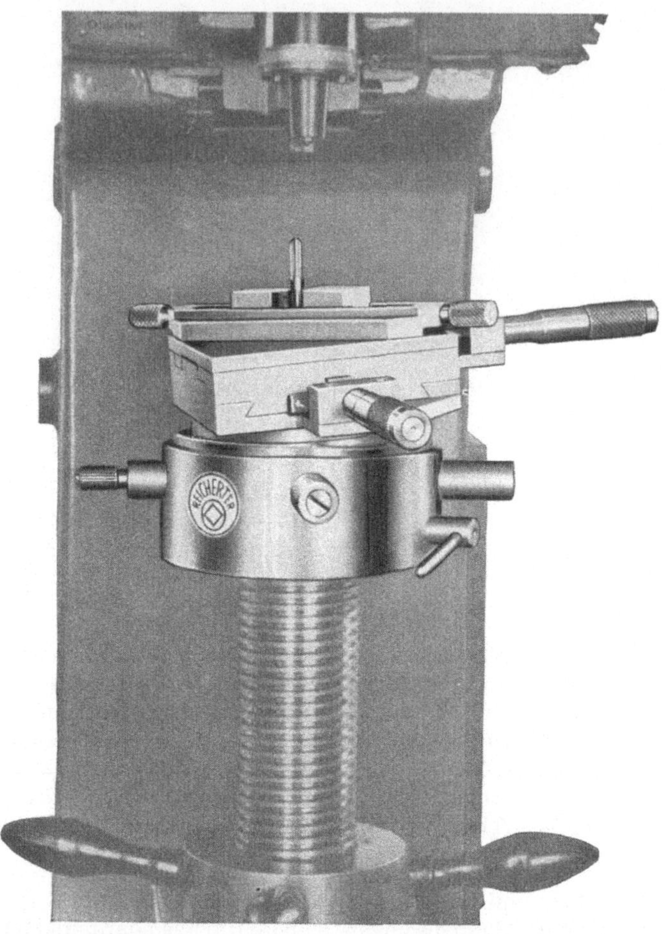

Bild 85   Schraubstock auf allseitig schwenkbarem Kreuzsupport

Zu 14. Im Anhang dieses Buches finden sich auf Seite *26* bis *46* Tabellen, aus denen für die verschiedenen Belastungen in Abhängigkeit von der Diagonalenlänge sofort die HV-Werte entnommen werden können.

Zu 15. Für die serienmäßige Prüfung empfehlen wir Toleranzscheiben, über die Näheres auf Seite 126 zu finden ist.

Zu 16. Für gewöhnlich sind Dezimalangaben für Vickerswerte nicht erforderlich, da Härten unter 25 HV nur bei sehr weichen Nichteisenmetallen vorkommen.

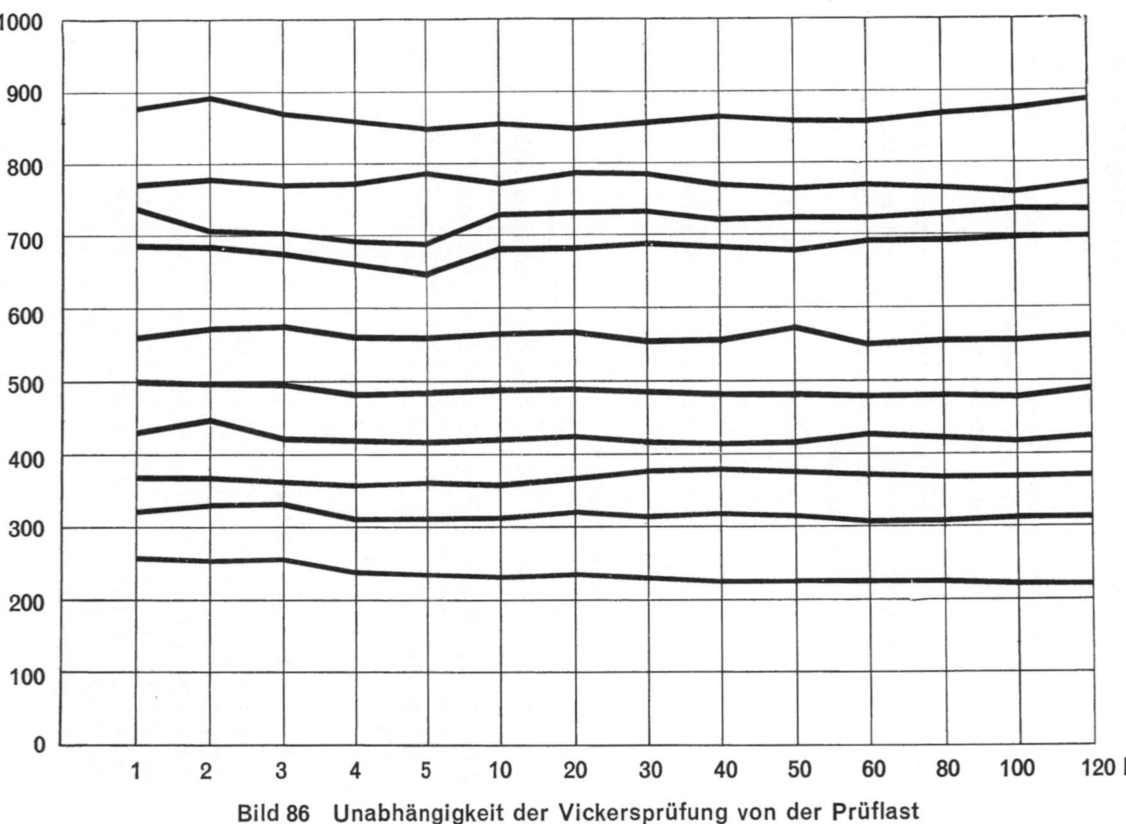

Bild 86 Unabhängigkeit der Vickersprüfung von der Prüflast

Zu 17. Die Unabhängigkeit von der Belastung ist nur im Gebiet der Makrohärte vorhanden (siehe Bild 86). Bei der Mikrohärteprüfung (Belastung unter 100 g) ergeben sich bei verschiedenen Prüfdrücken an der gleichen Prüfstelle häufig unterschiedliche Härtewerte. Für diese Erscheinung ist aber bis heute noch keine Gesetzmäßigkeit nachgewiesen worden. Sie dürfte durch Beleuchtungsunterschiede, Ablesefehler, Rückfederungen und ähnliche Einflüsse zu erklären sein.

Zu 18. Wenn jedoch die Vickershärte nicht gemessen, sondern aus Vergleichstabellen umgerechnet wird (siehe die Tabellen auf Seite *63* bis *65*), so ist besonders darauf hinzuweisen, daß Umrechnungen nie die gleiche Genauigkeit ergeben wie direkte Messungen.

Zur Durchführung von Vickersprüfungen stehen aus unserem Fertigungsprogramm nachstehende Maschinen zur Verfügung:

Maschinen mit Projektionsoptik

1. „BRIVISKOP 3000 H"   für Handbetätigung
2. „BRIVISKOP 3000 D"   mit halbautomatischer Arbeitsweise
3. „BRIVISKOP 187,5"   für geringere Prüflasten
4. „BRIVISKOP 250"   für geringere Prüflasten
5. „BRIVISKOP 115"   für schwere und sperrige Prüflinge
6. „BRIVISKOP 116"   für schwere und sperrige Prüflinge
7. „BRIVISKOP 121"   für lange, durchlaufende Prüflinge
8. „BRIVISKOP 130"   Radial-Maschinen-Bauart

Maschinen mit Einblickoptik

9. „BRIVISOR 3000"   für größere Prüflasten
10. „BRIVISOR 250"   für kleinere Prüflasten
11. „BRIVISOR 62,5"   für kleinere Prüflasten
12. „BRIVISOR IN"   auch für Innenprüfung
13. „BRIVISOR IN 750"   auch für Innenprüfung
14. „BRIVISOR KL 2"   für Kleinlastprüfungen
15. „BRIVISOR VHT 5"   tragbares Prüfgerät

Die Maschinen unter 1. bis 13. sind in Gruppe I auf den Seiten 16 bis 41 bereits beschrieben, da sie zugleich für die Brinellprüfung verwendbar sind. Die beiden unter 14. und 15. aufgeführten Geräte „BRIVISOR KL 2" und „BRIVISOR VHT 5" sind ausgesprochene Vickersgeräte und werden nachstehend behandelt.

Bild 87　„BRIVISOR KL 2"

Maschinenbeschreibung Gruppe III

Bezeichnung:	Kleinlast-Härteprüfer „BRIVISOR KL 2"
Art der Prüfung:	Vickers-Prüfung
Verwendungszweck:	Zur Härteprüfung weicher oder dünner Werkstoffe wie Bleche und Folien. Ferner für dünne Einsatz- oder Nitrierschichten.
Prüfbelastungen:	0,3 — 10 kg
Prüfkörper:	Diamantpyramide 136°
Kurzbeschreibung:	Tischgerät mit fester Säule, höheneinstellbarem Gerätekopf und schwenkbarer Belastungs- und Meßeinrichtung. Belastungseinstellung durch auswechselbare Federblätter. Auswertung durch Einblickmikroskop mit schwenkbarem Okular. Vergrößerung normal 200fach, durch auswechselbare Objektive auch mit 100- und 400facher Vergrößerung arbeitend.

Abmessungen und Gewicht:

Größte Prüfhöhe	mm	200
Ausladung	mm	160
Grundfläche	mm	200 × 390
Gesamthöhe	mm	560
Gewicht etwa	kg	45

Bild 88   ,,BRIVISOR VHT 5'', Ausführung A

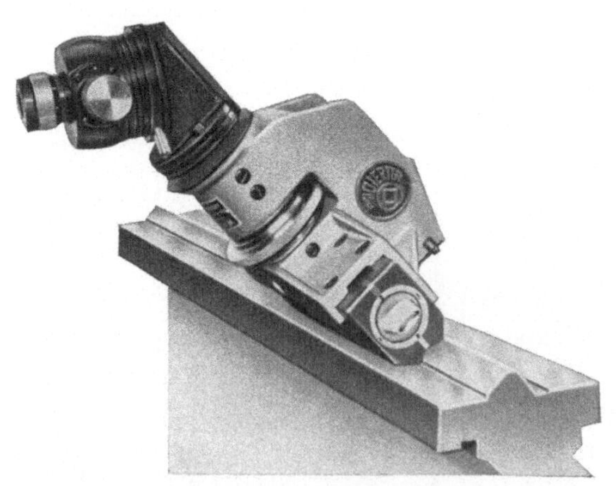

Bild 89   ,,BRIVISOR VHT 5'', Ausführung B

Maschinenbeschreibung Gruppe III

Bezeichnung:	Tragbarer Härteprüfer „BRIVISOR VHT 5"
Art der Prüfung:	Vickers-Prüfung
Verwendungszweck:	Für schwere und sperrige Werkstücke mit feinbearbeiteten Aufspannflächen aus magnetisierbarem Stahl.
Prüfbelastung:	20 kg
Prüfkörper:	Diamant-Pyramide 136°

Kurzbeschreibung:

Federbelasteter, tragbarer Härteprüfer mit Befestigung durch schaltbare Dauermagnete, mit eingebautem Einblickmikroskop und 50facher Vergrößerung. Schwenkbares Okular zur Ausmessung beider Eindruckdiagonalen.

Ausführung A: Für ebene und zylindrische Werkstücke, insbesondere Walzen (Bild 88).

Ausführung B: Für schmale prismatische Führungsflächen, insbesondere von Werkzeugmaschinen (Bild 89).

Lieferung: In Transport- und Aufbewahrungskasten mit Zubehör.

Abmessungen und Gewicht:

Länge der Spannfläche	mm	200
Breite der Spannfläche		
Ausführung A	mm	46
Ausführung B	mm	22
Höhe des Gerätes	mm	290
Gewicht etwa	kg	6,8

Beispiele für die Vickersprüfung

Die Auflage oder Einspannung der Prüflinge ist bei der Vickersprüfung grundsätzlich die gleiche wie bei der Brinellprüfung. Der Anschliff der Prüfstelle muß um so sauberer und feiner sein, je kleiner die Prüfdrücke und damit auch die Eindrücke sind; denn nur ein bis in die Spitzen gut ausgebildeter Vickerseindruck gewährleistet eine zuverlässige Auswertung.

In den nachstehenden Beispielen sind einige für die Vickersprüfung charakteristische Fälle aufgeführt.

Prüfling:	Gehärtete gußeiserne Führungsbahn einer Werkzeugmaschine (Bild 89)
Prüfbedingungen:	HV 20 = 340—400 kg/mm²
Maschinentype:	„BRIVISOR VHT 5", Ausführung B
Prüfergebnis:	Länge der Eindruckdiagonale 0,325 mm, HV 20 = 351 kg/mm²
Bemerkung:	Die Optik gestattet vor Ausführung des Prüfeindrucks, eine perlitische Prüfstelle auszuwählen, die also frei von Graphitnestern ist.

Bild 90

Prüfling:	Walze mit austenitischem Gefüge
Prüfbedingungen:	Vickershärte auf der fertiggeschliffenen Oberfläche 750 bis 850 kg/mm²
Maschinentype:	„BRIVISOR VHT 5", Ausführung A oder B
Sondereinrichtung:	Kettenspannung
Prüfergebnis:	Länge der Eindruckdiagonale 0,218 mm, HV 20 = 780 kg/mm²
Bemerkung:	Nichteisenmetalle oder Stahl mit austenitischem Gefüge machen eine magnetische Spannung unmöglich. Daher mechanische Spannung durch 2 Gelenkketten, die bei fertiggeschliffenen und empfindlichen Oberflächen mit Gummischläuchen überzogen sind.

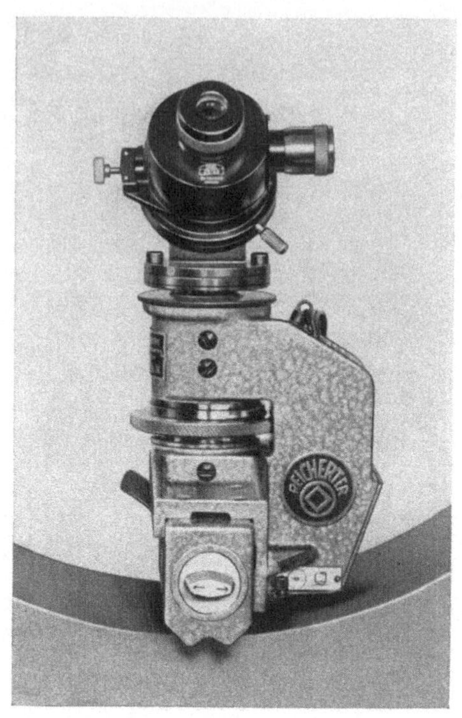

Bild 91

Prüfling:	Zylinderbüchse eines schweren Schiffsmotors
Prüfbedingungen:	Prüfung in der Bohrung
Maschinentype:	„BRIVISOR VHT 5", Ausführung B, mit um 90° versetztem Mikroskop und Beobachtungsspiegel
Bemerkung:	Die Prüfung erfolgt auf den perlitischen Stellen des Gußgefüges.

Bild 92

Prüfling:	Kesselrohr
Prüfbedingungen:	Härteprüfung auf der Schweißnaht
Maschinentype:	Sonderausführung 2 des „BRIVISOR VHT 5"
Sondereinrichtung:	Prisma mit Hakenschraube zwecks mechanischer Befestigung
Bemerkung:	Die Prüfstelle ist sorgfältig anzuschleifen. Durch Schlitze in den Befestigungswinkeln des Gerätes können mehrere Prüfungen nebeneinander ausgeführt werden, ohne die Hakenschraube jeweils lösen zu müssen.

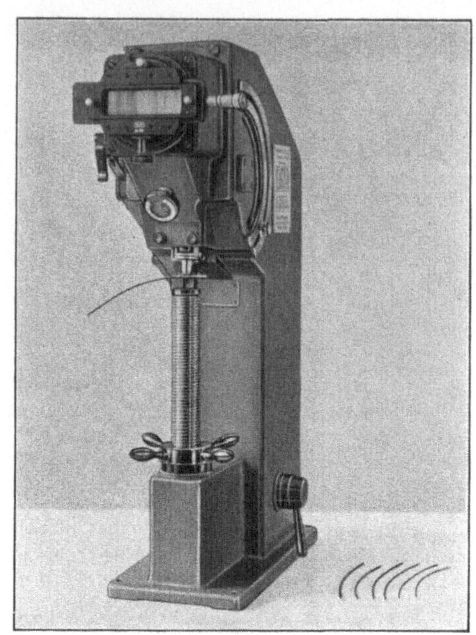

Bild 93

Prüfling:	Stahldraht 2 mm $\varnothing$
Prüfbedingungen:	HV 5 = 220—240 kg/mm²
Maschinentype:	„BRIVISKOP 187,5"
Sondereinrichtung:	Einstellbares Auflageprisma
Prüfergebnis:	Länge der Eindruckdiagonale 0,200 mm, HV 5 = 232 kg/mm²
Bemerkung:	Das Prisma mit Prüfling wird nach dem Projektionsbild eingestellt. Der Prüfeindruck darf nicht stark verzerrt sein. Genaues Ergebnis erfordert Mittelwertsbildung aus beiden Diagonalenlängen. Der größtzulässige Prüfdruck richtet sich insofern nach der Tabelle auf Seite 106, als bei 2 mm Drahtdurchmesser die Diagonalenlänge nicht größer als 0,6 mm werden darf. Sicherer wäre eine größte Diagonalenlänge von 0,4 mm.

Bild 94

Prüfling:	Einsatzgehärtetes Zahnrad
Härtetiefe:	0,6 mm
Prüfbedingungen:	HV 30 = 750—850 kg/mm² auf der Zahnflanke
Maschinentype:	„BRIVISOR 62,5"
Sondereinrichtung:	Aufnahmevorrichtung mit tangentialer Abstützung des Zahnrades; für Schrägverzahnung auch neigbar. Seitlich abgeflachter Diamanthalter.
Prüfergebnis:	Länge der Eindruckdiagonale 0,262 mm, HV 30 = 810 kg/mm²
Bemerkung:	Bei 0,6 mm Einsatztiefe wäre ein Prüfdruck von 50 kg zulässig. Mit Rücksicht auf die Empfindlichkeit der Prüffläche wird nur mit 30 kg geprüft.

Prüfling:
Rasierklingen 0,1 mm stark

Prüfbedingungen:
HV 2 = 750—800 km/mm²

Maschinentype:
„BRIVISOR KL 2"

Sondereinrichtung:
Okularkopf für Toleranzmessungen

Prüfergebnis:
Eindruckdiagonale liegt bei einer Toleranzplatte mit 3 Strichen innerhalb des Toleranzfeldes.

Bemerkung:
Die höchstzulässige Prüflast wird aus der Tabelle „Mindeststärken" auf Seite *5* entnommen. Bei 0,1 mm Materialstärke und einer zu erwartenden Härte von etwa VH 800 beträgt die maximale Prüflast 2 kg.

Bild 95

Prüfling:
Bolzen

Prüfbedingungen:
Aufnahme einer Härteverlaufskurve auf der Stirnseite mit 1 kg Prüflast

Maschinentype:
„BRIVISOR KL 2"

Sondereinrichtung:
Schraubstock mit mikrometrisch verstellbarem Kreuzsupport VH 6321

Bemerkung:
Mit Hilfe der Mikrometerschraube werden vom Umfang zur Werkstückmitte

Bild 96

(in radialer Richtung) in Abständen von jeweils 0,5 mm Prüfungen vorgenommen bis zur Erreichung der Kernhärte.

124

Allgemeines

Auswertung der Brinell- und Vickerseindrücke

Bei den „BRIVISKOPEN" werden die auf eine Mattscheibe projizierten Eindrücke entweder mit Hilfe zweier gegeneinander verstellbarer Glasmaßstäbe ausgemessen, oder aber es werden auswechselbare Toleranzscheiben verwendet.

Im ersten Falle (Bild 97) wird mit einer Triebschraube der Maßstab so eingestellt, daß der nächstgelegene Skalenstrich am linken Eindruckrand tangiert. Dann wird durch Drehen an der Mikrometertrommel die rechte Skalenhälfte in gleicher Weise auf die rechte Eindruckkante eingestellt. Darauf ist an der Skala und an der Mikrometertrommel der Durchmesser des Kugeleindrucks bzw. bei der Vickersprüfung die Länge der Eindruckdiagonale abzulesen.

Bild 97   Auswertungsmaßstab

Im zweiten Falle, der bei Serienprüfungen in Betracht kommt, wird eine nach dem gewünschten Toleranzfeld hergestellte Scheibe mit 3 oder 4 Strichen in den Mattscheibenrahmen eingesetzt. Bei der Prüfung ist nur zu beurteilen, wie der Eindruck zu diesen Toleranzstrichen liegt. Bild 98 zeigt eine Dreistrichscheibe und in Bild 99 sind die drei Möglichkeiten bei Toleranzscheiben mit 4 Strichen gezeigt.

Bild 98   Toleranzscheibe

Da bei den „BRIVISKOPEN" alle Eindrücke stets auf genau der gleichen Stelle der Mattscheibe erscheinen, ist ein umständliches und zeitraubendes Nachfahren mit dem Maßstab oder der Toleranzscheibe nicht erforderlich.

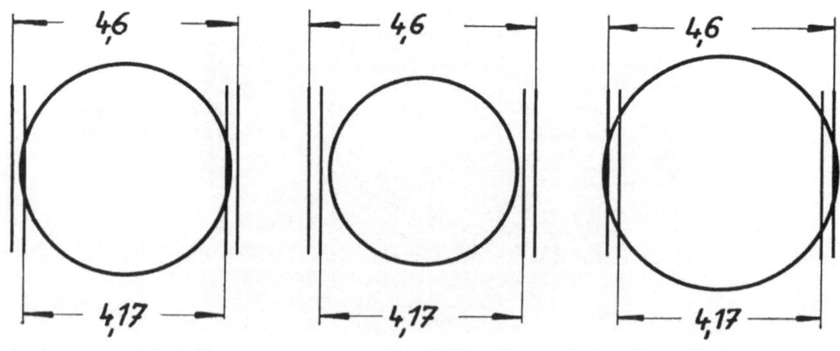

Bild 99   Auswertung mit 4-Strich-Toleranzscheibe

gut   zu hart   zu weich

Bei den Einblickmikroskopen, wie sie bei den „BRIVISOREN" Verwendung finden, ist eine feingeschliffene Prüffläche nicht unbedingt notwendig. Selbstverständlich ist eine Prüfung um so leichter und genauer durchzuführen, je sauberer und ebener die Prüffläche geschliffen ist. Der beleuchtete Eindruck erscheint im Okular wie in Bild 100 dargestellt.

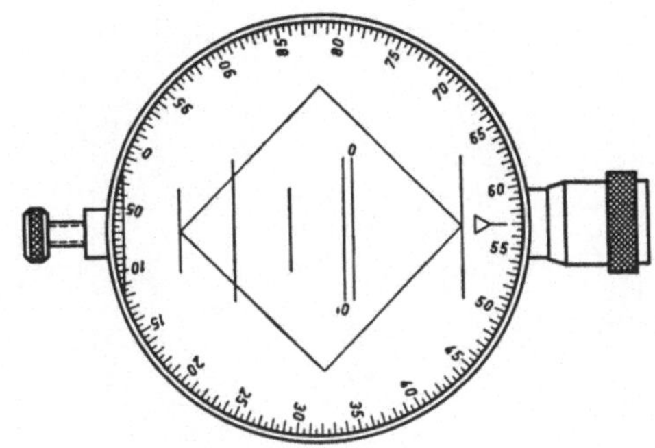

Bild 100   Auswertung bei den BRIVISOREN

In ähnlicher Weise wie bei den „BRIVISKOPEN" werden mit einer Triebschraube und einem Mikrometer nacheinander die linke und rechte Kante des Eindrucks zur Berührung mit den nächstgelegenen Strichen der beiden gegeneinander beweglichen Maßstäbe gebracht, worauf an der Skala am Umfang des Blickfeldes der Eindruckdurchmesser oder, wie in Bild 100, die Diagonalenlänge abgelesen werden kann. Auch beim BRIVISOR KL 2 sind Toleranzscheiben verwendbar, wie Bild 95 zeigt.

Sowohl die „BRIVISKOP"-Optiken als auch die „BRIVISOR"-Einblickmikroskope lassen eine Ausmessung in jeder Richtung zu, da die Meßeinrichtungen um 360° schwenkbar sind.

Blendschutzeinrichtungen

Um bei ungünstigen Lichtverhältnissen die Ablesemöglichkeiten zu verbessern, sind Sondereinrichtungen erhältlich.
Es kann z. B. bei sehr kleinen Eindrücken das Mattscheibenbild bei den „BRIVISKOP"-Maschinen durch eine Vorsetzlupe (Bild 101) etwa verdoppelt werden. Um Nebenlicht abzuhalten, läßt sich vor die Mattscheibe der „BRIVISKOPE" ein Blendschutz (Bild 102) setzen, der ein kontrastreiches Projektionsbild ergibt. Es kann jedoch auch ein Lichtschutzbalg (Bild 103) verwendet werden, der sich durch seine Ausziehbarkeit jedem Auge anpaßt, und der eine vollkommene Abschirmung von Nebenlicht ohne Beschränkung des Blickfeldes oder Behinderung der Ausmeßeinrichtung ermöglicht.

Bild 101 Vorsetzlupe

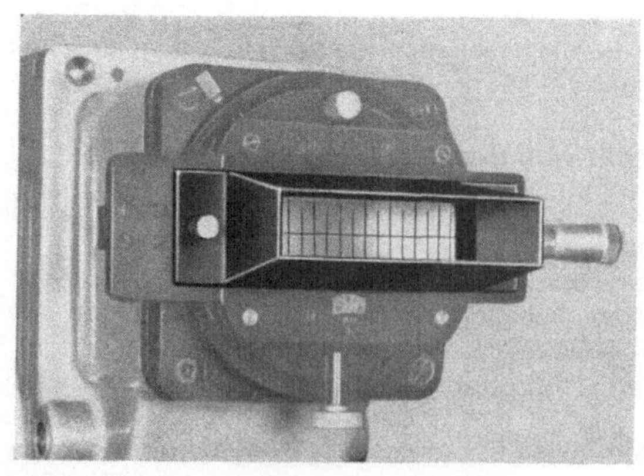

Bild 102 Blendschutz

Bild 103 Lichtschutzbalg

Beurteilung der Prüfmethoden

Für den Betriebsmann stehen zur Prüfung von Stahl und Nichteisenmetallen drei Prüfarten zur Verfügung:

1. Die Kugeldruckhärteprüfung nach Brinell,
2. die Vorlasthärteprüfung nach Rockwell und
3. die Pyramidenhärteprüfung nach Vickers.

Es muß entsprechend der Eigenart des Betriebs und der Prüflinge jeweils entschieden werden, welche der drei Prüfmethoden am zweckmäßigsten anzuwenden ist. In großen Betrieben wird man häufig alle drei Prüfarten antreffen. Bei der Aufteilung der Prüfaufgaben auf die verschiedenen Verfahren sind folgende grundsätzliche Gesichtspunkte zu beachten:

Bei der reinen **Brinell- und Vickersprüfung,** bei der die Durchmesser bzw. die Diagonalen der Eindrücke ausgemessen werden, sind größere Genauigkeiten zu erwarten als bei der Tiefenmessung. Dies beruht auf der Tatsache, daß bei einem Vickerseindruck die Diagonalenlänge gleich der 7fachen Eindringtiefe ist.

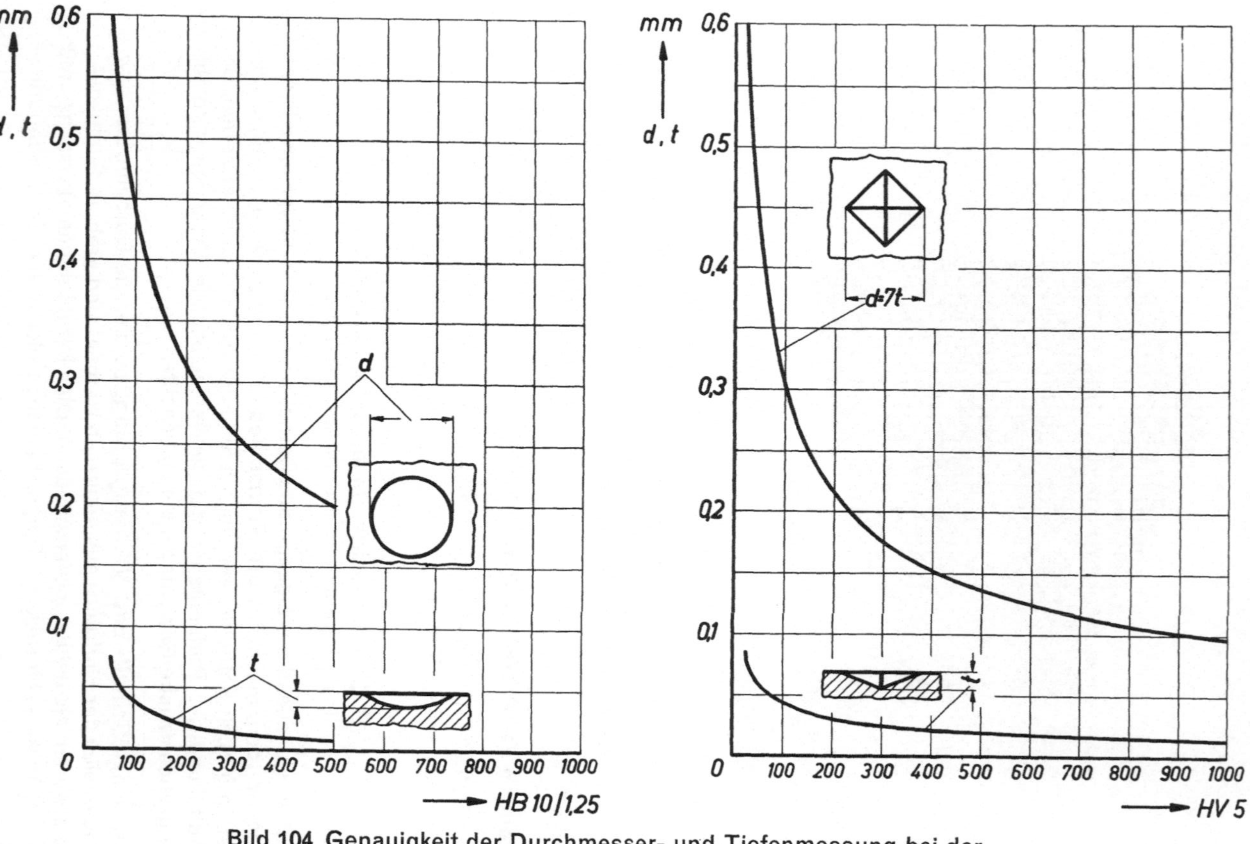

Bild 104 Genauigkeit der Durchmesser- und Tiefenmessung bei der

Brinellprüfung   Vickersprüfung

Bei der Brinellprüfung kann das Verhältnis von Eindruckdurchmesser zu Eindringtiefe noch größer werden und bis 19:1 betragen; nämlich dann, wenn die Eindrücke sehr flach sind.

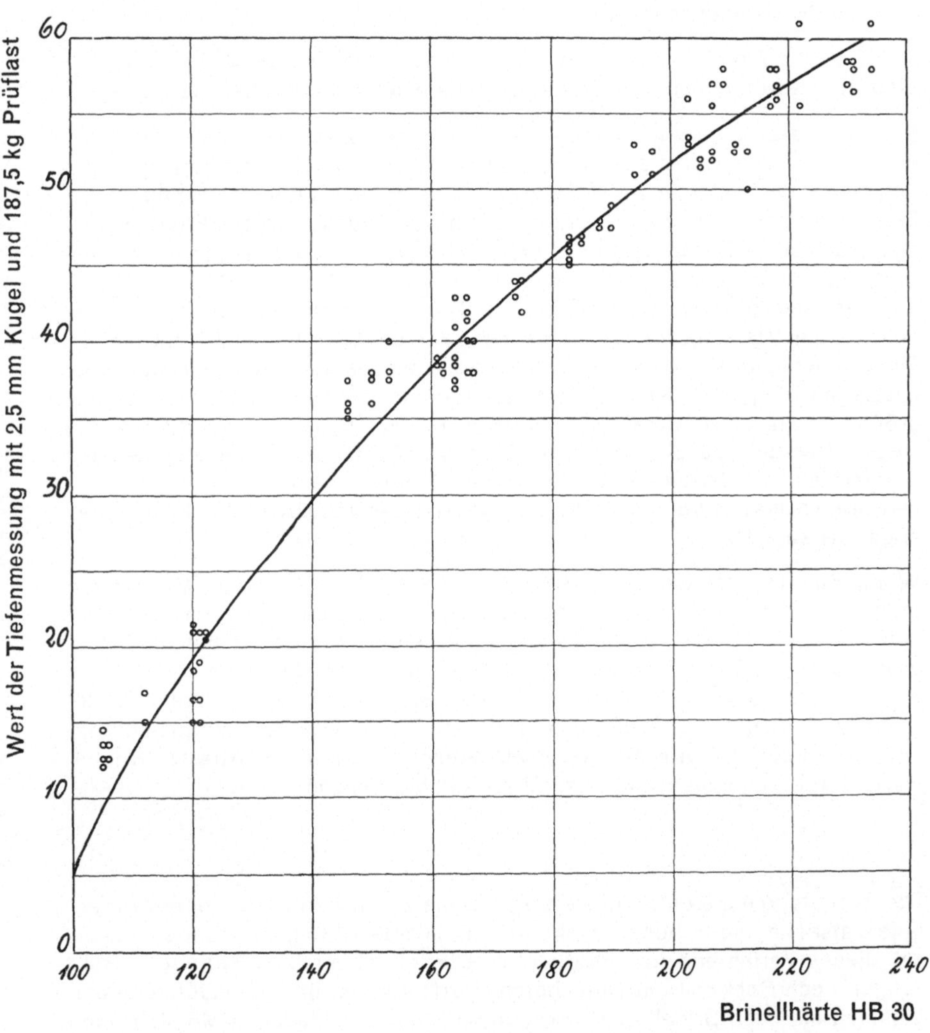

Bild 105 Streuungen bei der Kugeldruckprüfung mit Tiefenmessung

131

In Bild 104 sind als Abzissen die Härten aufgetragen und als Ordinaten die Eindruckbreite (d) und die Eindringtiefe (t). Wenn man die dargestellten Kurven miteinander vergleicht, so ist zu erkennen, daß sowohl bei der Vickers- als auch bei der Brinellprobe die Kurven für die Durchmesser- und Diagonalenwerte (d) steiler verlaufen als die Kurven der Eindringtiefe (t). Es ist also offensichtlich, daß die Ausmessung der Eindruckbreiten immer zu genaueren Werten führen muß als die Tiefenmessung.

Die Vickersprüfung bietet zudem den Vorteil, durch ständige Beobachtung der Eindrücke sofort erkennen zu können, ob die Diamantspitze beschädigt ist.

Bei der **Tiefenmessung mit Kugel oder Vickersdiamant,** die, wenn auch nicht genormt, zuweilen angetroffen wird, ist von Nachteil, daß die je nach Material mehr oder weniger starke Randwulstbildung ganz unberücksichtigt bleibt. Beim Ausmessen der Eindruckbreiten geht sie dagegen in das Ergebnis ein. Die graphische Darstellung (Bild 105) zeigt Vergleichsmessungen mit Brinellprüfungen, und es ist zu erkennen, daß mit einer nicht unbeträchtlichen Streuung der Anzeigewerte selbst bei gleicher Brinellhärte zu rechnen ist; oder umgekehrt, daß Werkstücke mit voneinander abweichender Brinellhärte die gleiche Eindringtiefe aufweisen können. Der graphischen Darstellung liegen Versuche mit 2,5-mm-Kugel und 187,5 kg Prüfdruck zugrunde, bei denen die Streuung noch größer ist als bei Benutzung einer 10-mm-Kugel und einem Prüfdruck von 3000 kg. Versuche auf planparallel geschliffenen Prüflingen der verschiedensten Stahlsorten und Härten ergaben mit 10-mm-Kugel gegenüber direkt gemessenen Brinellwerten Streuungen bis zu $\pm 7\%$ und bei unbearbeiteten Prüfflächen sogar bis zu $\pm 9\%$.

Wenn man dagegen geringere Ansprüche an die Genauigkeit der Messungen stellt, kann die Kugeldruckprüfung mit Tiefenmessung unter bestimmten Voraussetzungen bei der Serienprüfung angewendet werden. Dabei muß man unterstellen, daß keine Materialunterschiede innerhalb der Serie vorkommen. Ferner ist es jeweils erforderlich, für die Grenzwerte der gewünschten Härtetoleranz vor Beginn der Prüfung mit Hilfe des Brinellverfahrens Vergleichszahlen festzulegen. Es wird in diesem Zusammenhang auf den Absatz „Brinellwerte durch Tiefenmessung?" auf Seite 15 hingewiesen.

Die Bedeutung der **Rockwellprüfung** ist in letzter Zeit noch größer geworden, eine Tatsache, die in hohem Maße auf die leichte Automatisierungsmöglichkeit dieses Verfahrens zurückzuführen ist. Auch ist bei einer Prüfung in Bohrungen nach Rockwell mit einfacheren Vorrichtungen und Prüfköpfen auszukommen als nach Brinell oder Vickers. Auf die verschiedenen Möglichkeiten ist bei den Maschinenbeschreibungen und Prüfbeispielen hingewiesen. In Bild 106 ist die Rockwellhärte in Beziehung zur Eindringtiefe für Belastungen bis

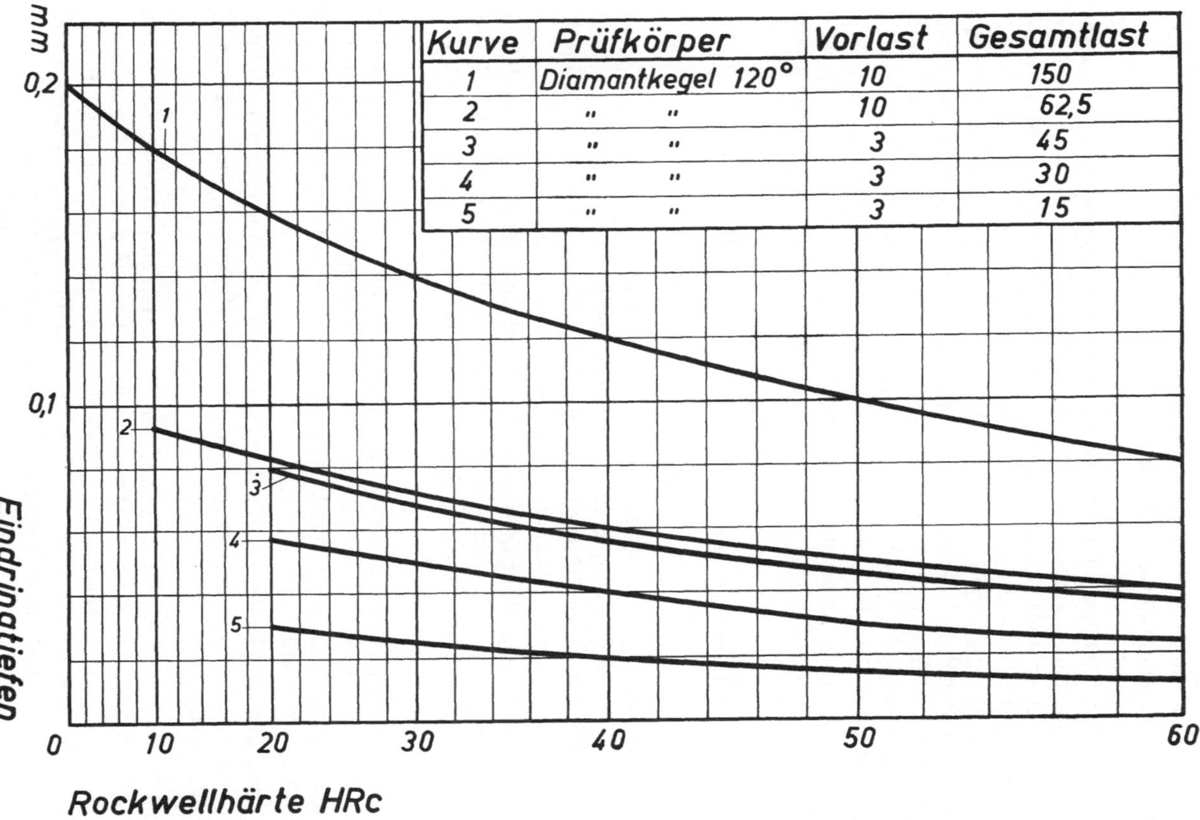

Kurve	Prüfkörper	Vorlast	Gesamtlast
1	Diamantkegel 120°	10	150
2	" "	10	62,5
3	" "	3	45
4	" "	3	30
5	" "	3	15

Bild 106 Eindringtiefen bei verschiedenen Rockwellprüflasten

150 kg aufgetragen und aus dieser Darstellung ist zu entnehmen, daß die Prüfergebnisse mit sinkender Prüfbelastung immer unsicherer werden. Die Anwendung der Rockwellprüfung mit 10 kg Vorlast sollte daher bei 62,5 kg Belastung praktisch aufhören. Unterhalb dieser Prüflast wird der Kurvenverlauf so flach, daß für eine bestimmte Eindringtiefe die Härte nur ungenau ermittelt werden kann. Wo also eine geringe Stärke der Prüflinge oder der Härteschichten Prüfungen mit 150 kg oder 62,5 kg nicht mehr erlauben, was aus der Mindeststärkentabelle auf Seite *4* entnommen werden kann, muß auf die Rockwell-Kleinlastprüfung übergegangen werden, die bei 3 kg Vorlast mit 15...30 oder 45 kg Prüfdruck arbeitet. Bei dieser Prüfung werden die beschriebenen Schwierigkeiten dadurch überwunden, daß für jeden Diamanten und für jede Prüflast unter Zugrundelegung geeichter Kontrollplatten Kurven aufgestellt werden, die den Rockwell-C-Wert in Abhängigkeit von der Meßuhranzeige angeben. Diese Kurven sind deshalb an bestimmte Diamanten gebunden, weil sie die Unregelmäßigkeiten der schwierig zu schleifenden abgerundeten Diamantspitze berücksichtigen.

Die Anwendung der verschiedenen Prüfverfahren läßt sich etwa wie folgt abgrenzen:

1. Die **Brinellprüfung** bei Härten bis zu etwa 450 HB, besonders für geglühten Stahl, Grau- und Stahlguß und Nichteisenmetallen. Mit Hartmetallkugeln sind allenfalls noch Prüfungen bis 600 HB möglich; jedoch sind hierfür schon Vickers- oder Rockwellprüfungen vorzuziehen.

   Für Brinelleinzelprüfungen genügt ein Einblickmikroskop, bei häufigeren Prüfungen ist eine Projektionsoptik zur Auswertung vorzuziehen. Serienprüfung mit halbautomatischen Maschinen unter Verwendung von Toleranzscheiben.

2. Die **Vickersprüfung** ist universal verwendbar für harte und weiche Prüflinge, bei dünnen Teilen, schwachen Härteschichten, kleinen Prüfstellen oder zylindrischen Flächen mit kleinem Radius, Zahnflankenprüfungen auch bei kleinem Modul.

   Verwendbarkeit kleiner Prüflasten, Ausmessung entweder mit Einblickmikroskop oder Projektionsoptik, je nach Häufigkeit der auszuführenden Prüfungen.

3. Die Rockwellprüfung mit Diamant und Prüflasten von 150 oder 62,5 kg bei Werkstücken oder Härteschichten von mindestens 0,6 bzw. 0,4 mm Stärke. Bei geringeren Stärken mit der Kleinlastprüfung 15...30 oder 45 kg. Bei Serienprüfungen je nach Größe der Serie voll- oder halbautomatische Arbeitsweise einschließlich Zuführung und Sortierung der Prüflinge.

   Zahnflankenprüfungen sind wegen der erforderlichen Einspannung bei der Rockwellprüfung erst von Modul 4 ab aufwärts möglich.

Bei weicheren Werkstoffen Prüfung mit Kugel und geringeren Lasten, wobei
eine Umrechnung (siehe Tabellenanhang) für die verschiedenen Werkstoffe
erforderlich ist.

Kurzzeichen für die verschiedenen Prüfarten

Bei Härteangaben sollte man sich der genormten Bezeichnungen bedienen, aus
denen nicht nur das zur Anwendung kommende Prüfverfahren, sondern auch
die benutzten Prüfkörper sowie die Prüfbelastungen hervorgehen. Diese Bezeichnungen sind festgelegt für

die **Brinellprobe** im DIN-Blatt 50351.
Eine Tabelle mit diesen Bezeichnungen findet sich auf Seite 8;

die **Vickersprüfung** im DIN-Blatt 50133.
Die Bezeichnung heißt danach HV. Damit man sofort erkennen kann, mit
welcher Prüflast die Härte ermittelt wurde, ist die Belastung in Kilogramm
hinzuzufügen. HV 30 bedeutet also, daß die Vickersprüfung mit 30 kg auszuführen ist;

die **Rockwellprüfung** im DIN-Blatt 50103.
Auf diesem Blatt sind nur die 2 gebräuchlichsten Prüfungen HRc und
HRb festgelegt.

Darüber hinaus gibt es weitere Rockwellprüfungen, von denen in Europa
noch die Kleinlastprüfungen Bedeutung besitzen. Der Vollständigkeit
halber seien die besonders in Amerika benutzten Prüfverfahren aufgeführt.

Prüfkörper	Prüflast					
	15 kg	30 kg	45 kg	60 kg	100 kg	150 kg
Diamant	15 N	30 N	45 N	A	D	C
$^1/_{16}''$ Kugel	15 T	30 T	45 T	F	B	G
$^1/_8''$ Kugel	15 X	30 X	45 X	H	E	K
$^1/_4''$ Kugel	15 Y	30 Y	45 Y	L	M	P
$^1/_2''$ Kugel	15 Z	30 Z	45 Z	R	S	V

Während in den englisch sprechenden Ländern die Prüflast von 60 kg gebräuch-
lich ist, wird in Europa auch häufig mit 62,5 kg und 187,5kg geprüft, also mit
2 Prüflasten, die aus dem Gebiet der Brinellprüfung stammen.

HR 2,5/ 62,5 bedeutet: Prüflast 62,5 kg mit 2,5 mm Kugel
HR 2,5/187,5   ,,   ,,   187,5 kg ,, 2,5 mm   ,,
HR 62,5   ,,   ,,   62,5 kg ,, Rockwell-Diamant

Zur Umrechnung der Meßuhranzeigen in Brinell- bzw. in Rockwell-C-Härten
finden sich auf den Seiten *48* bis *60* Vergleichstabellen.

Werksansicht

Tabellen-Anhang

Erklärungen
Expliquations
Explanations
Chiarimenti

HB	= Brinellhärte	Brinell Hardness H	Dureté suivant Brinell	Durezza Brinell
HV	= Vickershärte	Vickers Hardness HD or DPH	Dureté suivant Vickers	Durezza Vickers
HR_c	= Rockwell C-Härte	Rockwell C Hardness or H_RC	Dureté suivant Rockwell	Durezza Rockwell
P_v	= Vorlast	Minor Load	Charge initiale	Carico iniziale
P	= Prüflast	Load	Charge	Carico
D	= Kugeldurchmesser	Ball Diameter	Diamètre de la Bille	Diametro della sfera
d	= Eindruckdurchmesser bzw. Diagonale	Diameter or Diagonal of Impression	Diamètre ou Diagonale de l'empreinte	Diametro dell' impronta o diagonale
t	= Eindringtiefe	Penetration Depth	Profondeur de pénétration	Approfondimento
S_{min}	= Mindeststärke	Minimum Thickness	Epaisseur minimum	Spessore minimo
σB	= Zugfestigkeit	Tensile Strength	Résistance de rupture à la traction	Resistenza alla trazione
$\sigma B\,(0,36)$	= Zugfestigkeit (bei Kohlenstoffstahl)	Tensile Strength (for carbon Steel)	Résistance de rupture à la traction (pour les aciers au carbone)	Resistenza alla trazione (per acciai al carbonio)
$\sigma B\,(0,34)$	= Zugfestigkeit (bei Chrom-Nickel-stählen)	Tensile Strength (for Chrome-Nickel Steel)	Résistance de rupture à la traction (pour les aciers au nickel-chrome)	Resistenza alla trazione (per acciai al cromo-nichel)
HR 15 – 30 – 45 N =	Kleinlast-Rockwell-Härte mit Diamant 120°	Superficial Rockwell Hardness with Diamond penetrator 120°	Dureté Rockwell à petites charges avec diamant 120°	Durezza Rockwell per piccoli carichi con diamante 120°
HR 15 – 30 – 45 T =	Kleinlast-Rockwell-Härte mit Kugel $^1/_{16}\varnothing$	Superficial Rockwell Hardness with ball $^1/_{16}''\varnothing$	Dureté Rockwell à petites charges avec bille $^1/_{16}''\varnothing$	Durezza Rockwell per piccoli carichi con sfera $^1/_{16}''\varnothing$
D_a	= Aussendurchmesser	Outside Diameter	Diamètre extérieure	Diametro esterno
Z	= Messuhreinstellung	Dial Gauge Setting	Ajustage du Comparateur	Registrazione del comparatore

BRINELL

Mindeststärken der Werkstoffproben   [mm]
Minimum Thickness of Material   [mm]
Epaisseur Minimum de la Pièce   [mm]
Spessori minimi dei materiali   [mm]

D [mm]	P [kg]	D^2	HB [kg/mm²]								
			40	60	80	100	150	200	300	400	500
0,625	0,977	2,5 D^2	0,12	0,08	0,06	0,05	—	—	—	—	—
	1,953	5 D^2	0,25	0,17	0,12	0,10	0,07	—	—	—	—
	3,91	10 D^2	0,50	0,33	0,25	0,20	0,13	0,10	—	—	—
	11,7	30 D^2	—	—	—	0,60	0,40	0,30	0,20	0,15	0,12
1,25	3,91	2,5 D^2	0,25	0,17	0,12	0,10	—	—	—	—	—
	7,8	5 D^2	0,50	0,33	0,25	0,20	0,13	—	—	—	—
	15,6	10 D^2	1,0	0,66	0,50	0,40	0,26	0,20	—	—	—
	46,9	30 D^2	—	—	—	1,20	0,80	0,60	0,40	0,30	0,24
2,5	15,6	2,5 D^2	0,50	0,33	0,25	0,20	—	—	—	—	—
	31,2	5 D^2	1,0	0,66	0,50	0,40	0,26	—	—	—	—
	62,5	10 D^2	2,0	1,3	1,0	0,80	0,53	0,40	—	—	—
	187,5	30 D^2	—	—	—	2,40	1,60	1,20	0,80	0,60	0,48
5	62,5	2,5 D^2	1,0	0,66	0,50	0,40	—	—	—	—	—
	125	5 D^2	2,0	1,3	1,0	0,80	0,53	—	—	—	—
	250	10 D^2	4,0	2,65	2,0	1,6	1,1	0,80	—	—	—
	750	30 D^2	—	—	—	4,8	3,2	2,4	1,6	1,2	0,95
10	250	2,5 D^2	2,0	1,3	1,0	0,80	—	—	—	—	—
	500	5 D^2	4,0	2,65	2,0	1,6	1,1	—	—	—	—
	1000	10 D^2	8,0	5,3	4,0	3,2	2,1	1,6	—	—	—
	3000	30 D^2	—	—	—	9,6	6,3	4,8	3,2	2,4	1,9

$$S_{min} = 10 \cdot t = \frac{3,18 \cdot P}{H \cdot D} \text{ mm}$$

ROCKWELL

Mindeststärken der Werkstoffproben [mm]
Minimum Thickness of Material [mm]
Epaisseur Minimum de la Pièce [mm]
Spessori minimi dei materiali [mm]

	P [kg]	HRc					
		20	30	40	50	60	70
120°	15	0,41	0,33	0,26	0,19	0,14	0,09
	30	0,69	0,58	0,47	0,36	0,26	0,17
	45	0,91	0,77	0,63	0,50	0,37	0,25
	62,5	1,0	0,9	0,8	0,7	0,6	0,5
	150	1,8	1,6	1,4	1,2	1,0	0,8

$$S_{min} = 2{,}2 - \frac{HRc}{50} \ [mm]$$

VICKERS

Mindeststärken der Werkstoffproben   [mm]
Minimum Thickness of Material   [mm]
Epaisseur Minimum de la Pièce   [mm]
Spessori minimi dei materiali   [mm]

P [kg]	HV [kg/mm²]								
	20	50	100	200	300	400	600	800	1000
0,020	0,062	0,039	0,028	0,019	0,016	0,014	0,011	0,010	0,009
0,050	0,097	0,062	0,044	0,031	0,025	0,022	0,018	0,015	0,014
0,100	0,140	0,087	0,062	0,043	0,036	0,031	0,025	0,022	0,019
0,200	0,19	0,12	0,09	0,06	0,05	0,04	0,04	0,03	0,03
0,400	0,27	0,17	0,12	0,09	0,07	0,06	0,05	0,04	0,04
0,600	0,34	0,21	0,15	0,11	0,09	0,08	0,06	0,05	0,05
0,800	0,39	0,25	0,17	0,12	0,10	0,09	0,07	0,06	0,06
1	0,43	0,28	0,19	0,14	0,12	0,10	0,08	0,07	0,06
2	0,62	0,39	0,28	0,19	0,16	0,14	0,12	0,10	0,09
3	0,75	0,48	0,34	0,24	0,19	0,17	0,14	0,12	0,11
4	0,87	0,55	0,39	0,27	0,22	0,20	0,16	0,14	0,12
5	1,0	0,62	0,44	0,31	0,25	0,22	0,18	0,15	0,14
10	1,4	0,87	0,62	0,43	0,36	0,31	0,25	0,22	0,19
20	1,9	1,2	0,87	0,62	0,50	0,43	0,36	0,31	0,28
30	2,4	1,5	1,1	0,75	0,62	0,53	0,44	0,38	0,34
40	2,7	1,7	1,2	0,87	0,71	0,62	0,50	0,44	0,39
50	3,1	1,9	1,4	1,0	0,80	0,69	0,56	0,49	0,44
60	3,4	2,1	1,5	1,1	0,87	0,75	0,62	0,53	0,48
80	3,9	2,5	1,7	1,2	1,0	0,87	0,71	0,62	0,55
100	4,3	2,8	1,9	1,4	1,2	1,0	0,80	0,69	0,62
120	4,8	3,0	2,1	1,5	1,3	1,1	0,87	0,75	0,67

$$S_{min} = 10\,t = 1{,}945\,\sqrt{\frac{P}{HV}}\ \text{[mm]}$$

Mindeststärke dünnwandiger Rohre aus Nichteisen-Metallen [mm]
Minimum-Thickness of Thin-Walled Pipes from Non-Ferrous Material [mm]
Epaisseur minimum des Tubes Minces en Metaux Non Ferreux [mm]
Spessore minimo di tubi non ferrosi a parete sottile [mm]

HB [kg/mm²]	D_a [mm]										
	10	20	30	40	50	60	70	80	90	100	
10	0,50	0,50	0,55	0,65	0,70	0,75	0,85	0,90	0,95	1,00	D = 0,625 mm
20	0,25	0,30	0,40	0,45	0,50	0,55	0,60	0,65	0,65	0,70	P = 0,977 kg
30	0,18	0,25	0,30	0,35	0,40	0,45	0,50	0,50	0,55	0,55	
40	0,16	0,20	0,25	0,30	0,35	0,40	0,40	0,45	0,45	0,50	
40	0,25	0,30	0,40	0,45	0,50	0,55	0,60	0,65	0,65	0,70	D = 0,625 mm
50	0,20	0,30	0,35	0,40	0,45	0,50	0,50	0,55	0,60	0,65	P = 1,953 kg
60	0,18	0,25	0,30	0,35	0,40	0,45	0,50	0,50	0,55	0,60	
70	0,17	0,25	0,30	0,35	0,35	0,40	0,45	0,45	0,50	0,55	
70	0,30	0,35	0,40	0,45	0,55	0,60	0,65	0,65	0,70	0,75	D = 0,625 mm
100	0,20	0,30	0,35	0,40	0,45	0,50	0,50	0,55	0,60	0,65	P = 3,91 kg
130	0,17	0,25	0,39	0,35	0,40	0,40	0,45	0,50	0,50	0,55	
160	0,16	0,20	0,25	0,30	0,35	0,40	0,40	0,45	0,45	0,50	

Mindeststärke dünnwandiger Rohre aus Stahl [mm]
Minimum-Thickness of Thin-Walled Pipes from Steel [mm]
Epaisseur minimum des Tubes Minces en Acier [mm]
Spessore minimo di tubi di acciaio a parete sottile [mm]

HB [kg/mm²]	D_a [mm]											
	5	10	20	30	40	50	60	70	80	90	100	
100	0,60	0,60	0,60	0,60	0,68	0,77	0,84	0,90	0,98	1,03	1,08	$D = 0{,}625$ mm
150	0,40	0,40	0,40	0,48	0,56	0,63	0,68	0,74	0,79	0,84	0,88	
200	0,30	0,30	0,34	0,42	0,48	0,54	0,59	0,64	0,69	0,74	0,77	$P = 11{,}7$ kg
250	0,24	0,24	0,30	0,37	0,43	0,48	0,53	0,57	0,61	0,65	0,68	
300	0,20	0,20	0,28	0,34	0,40	0,44	0,48	0,52	0,56	0,59	0,63	
100	1,20	1,20	1,20	1,20	1,37	1,53	1,68	1,81	1,94	2,06	2,16	$D = 1{,}25$ mm
150	0,80	0,80	0,80	0,97	1,12	1,25	1,37	1,48	1,58	1,68	1,77	
200	0,60	0,60	0,69	0,84	0,97	1,08	1,19	1,28	1,37	1,45	1,53	$P = 46{,}9$ kg
250	0,48	0,48	0,61	0,75	0,87	0,97	1,07	1,15	1,23	1,30	1,37	
300	0,40	0,40	0,56	0,69	0,79	0,88	0,97	1,04	1,12	1,19	1,25	
100	—	2,40	2,40	2,40	2,74	3,06	3,36	3,62	3,87	4,12	4,32	$D = 2{,}5$ mm
150	—	1,60	1,60	1,94	2,24	2,50	2,74	2,96	3,16	3,36	3,54	
200	—	1,20	1,37	1,68	1,94	2,16	2,40	2,56	2,74	2,91	3,06	$P = 187{,}5$ kg
250	—	0,95	1,23	1,50	1,74	1,94	2,13	2,29	2,45	2,60	2,74	
300	—	0,80	1,12	1,37	1,58	1,77	1,94	2,09	2,24	2,37	2,50	

Härtezahlen nach Brinell
Brinell Hardness Numbers
Nombres de Dureté Brinell
Valori di durezza Brinell

d [mm]	P [kg] 3000	1000	500	250
2,00		315	158	78,8
2,01		312	156	78,0
2,02		309	154	77,2
2,03		306	153	76,4
2,04		303	151	75,7
2,05		300	150	74,9

d [mm]	P [kg] 3000	1000	500	250
2,06		297	148	74,2
2,07		294	147	73,5
2,08		291	146	72,8
2,09		288	144	72,1
2,10		285	143	71,4
2,11		283	141	70,7
2,12		280	140	70,0
2,13		277	139	69,4
2,14		275	137	68,7
2,15		272	136	68,1
2,16		270	135	67,4
2,17		267	134	66,8
2,18		265	132	66,2
2,19		262	131	65,5
2,20		260	130	65,0
2,21		257	129	64,4
2,22		255	128	63,8
2,23		253	126	63,2
2,24		251	125	62,6
2,25		248	124	62,1
2,26		246	123	61,5
2,27		244	122	61,0
2,28		242	121	60,4
2,29		240	120	59,9
2,30		237	119	59,4
2,31		235	118	58,8
2,32		233	117	58,3
2,33		231	116	57,8
2,34		229	115	57,3
2,35		227	114	56,8
2,36		225	113	56,3
2,37		223	112	55,9
2,38		222	111	55,4
2,39		220	110	54,9
2,40		218	109	54,4
2,41		216	108	54,0
2,42		214	107	53,5
2,43		212	106	53,1
2,44		211	105	52,7
2,45		209	104	52,2
2,46		207	104	51,8
2,47		205	103	51,4
2,48		204	102	50,9
2,49		202	101	50,5
2,50		200	100	50,1

d [mm]	P [kg] 3000	1000	500	250	d [mm]	P [kg] 3000	1000	500	250
2,51	597	199	99,4	49,7	2,96	426	142	71,0	35,5
2,52	592	197	98,6	49,3	2,97	423	141	70,5	35,3
2,53	587	196	97,8	48,9	2,98	420	140	70,1	35,0
2,54	582	194	97,1	48,6	2,99	417	139	69,6	34,8
2,55	578	193	96,3	48,1	3,00	415	138	69,1	34,6
2,56	573	191	95,5	47,8	3,01	412	137	68,6	34,3
2,57	569	190	94,8	47,4	3,02	409	136	68,2	34,1
2,58	564	188	94,0	47,0	3,03	406	135	67,7	33,9
2,59	560	187	93,3	46,6	3,04	404	135	67,3	33,6
2,60	555	185	92,6	46,3	3,05	401	134	66,8	33,4
2,61	551	184	91,8	45,9	3,06	398	133	66,4	33,2
2,62	547	182	91,1	45,6	3,07	395	132	65,9	33,0
2,63	543	181	90,4	45,2	3,08	393	131	65,5	32,7
2,64	538	179	89,7	44,9	3,09	390	130	65,0	32,5
2,65	534	178	89,0	44,5	3,10	388	129	64,6	32,3
2,66	530	177	88,4	44,2	3,11	385	128	64,2	32,1
2,67	526	175	87,7	43,8	3,12	383	128	63,8	31,9
2,68	522	174	87,0	43,5	3,13	380	127	63,3	31,7
2,69	518	173	86,4	43,2	3,14	378	126	62,9	31,5
2,70	514	171	85,7	42,9	3,15	375	125	62,5	31,3
2,71	510	170	85,1	42,5	3,16	373	124	62,1	31,1
2,72	507	169	84,4	42,2	3,17	370	123	61,7	30,9
2,73	503	168	83,8	41,9	3,18	368	123	61,3	30,7
2,74	499	166	83,2	41,6	3,19	366	122	60,9	30,5
2,75	495	165	82,6	41,3	3,20	363	121	60,5	30,3
2,76	492	164	81,9	41,0	3,21	361	120	60,1	30,1
2,77	488	163	81,3	40,7	3,22	359	120	59,8	29,9
2,78	485	162	80,8	40,4	3,23	356	119	59,4	29,7
2,79	481	160	80,2	40,1	3,24	354	118	59,0	29,5
2,80	477	159	79,6	39,8	3,25	352	117	58,6	29,3
2,81	474	158	79,0	39,5	3,26	350	117	58,3	29,1
2,82	471	157	78,4	39,2	3,27	347	116	57,9	29,0
2,83	467	156	77,9	38,9	3,28	345	115	57,5	28,8
2,84	464	155	77,3	38,7	3,29	343	114	57,2	28,6
2,85	461	154	76,8	38,4	3,30	341	114	56,8	28,4
2,86	457	152	76,2	38,1	3,31	339	113	56,5	28,2
2,87	454	151	75,7	37,8	3,32	337	112	56,1	28,1
2,88	451	150	75,1	37,6	3,33	335	112	55,8	27,9
2,89	448	149	74,6	37,3	3,34	333	111	55,4	27,7
2,90	444	148	74,1	37,0	3,35	331	110	55,1	27,5
2,91	441	147	73,6	36,8	3,36	329	110	54,8	27,4
2,92	438	146	73,0	36,5	3,37	326	109	54,4	27,2
2,93	435	145	72,5	36,3	3,38	325	108	54,1	27,0
2,94	432	144	72,0	36,0	3,39	323	108	53,8	26,9
2,95	429	143	71,5	35,8	3,40	321	107	53,4	26,7

d [mm]	P [kg]				d [mm]	P [kg]			
	3000	1000	500	250		3000	1000	500	250
3,41	319	106	53,1	26,6	3,86	246	82,1	41,1	20,5
3,42	317	106	52,8	26,4	3,87	245	81,7	40,9	20,4
3,43	315	105	52,5	26,2	3,88	244	81,3	40,6	20,3
3,44	313	104	52,2	26 1	3,89	242	80,8	40,4	20,2
3,45	311	104	51,8	25,9	3,90	241	80,4	40,2	20,1
3,46	309	103	51,5	25,8	3,91	240	80,0	40,0	20,0
3,47	307	102	51,2	25,6	3,92	239	79,6	39,8	19,9
3,48	306	102	50,9	25,5	3,93	237	79,1	39,6	19,8
3,49	304	101	50,6	25,3	3,94	236	78,7	39,4	19,7
3,50	302	101	50,3	25,2	3,95	235	78,3	39,1	19,6
3,51	300	100	50,0	25,0	3,96	234	77,9	38,9	19,5
3,52	298	99,5	49,7	24,9	3,97	232	77,5	38,7	19,4
3,53	297	98,9	49,4	24,7	3,98	231	77,1	38,5	19,3
3,54	295	98,3	49,2	24,6	3,99	230	76,7	38,3	19,2
3,55	293	97,7	48,9	24,4	4,00	229	76,3	38,1	19,1
3,56	292	97,2	48,6	24,3	4,01	228	75,9	37,9	19,0
3,57	290	96,6	48,3	24,2	4,02	226	75,5	37,7	18,9
3,58	288	96,1	48,0	24,0	4,03	225	75,1	37,5	18,8
3,59	286	95,5	47,7	23,9	4,04	224	74,7	37,3	18,7
3,60	285	95,0	47,5	23,7	4,05	223	74,3	37,1	18,6
3,61	283	94,4	47,2	23,6	4,06	222	73,9	37,0	18,5
3,62	282	93,9	46,9	23,5	4,07	221	73,5	36,8	18,4
3,63	280	93,3	46,7	23,3	4,08	219	73,2	36,6	18,3
3,64	278	92,8	46,4	23,2	4,09	218	72,8	36,4	18,2
3,65	277	92,3	46,1	23,1	4,10	217	72,4	36,2	18,1
3,66	275	91,7	45,9	22,9	4,11	216	72,0	36,0	18,0
3,67	274	91,2	45,6	22,8	4,12	215	71,7	35,8	17,9
3,68	272	90,7	45,4	22,7	4,13	214	71,3	35,7	17,8
3,69	271	90,2	45,1	22,6	4,14	213	71,0	35,5	17,7
3,70	269	89,7	44,9	22,4	4,15	212	70,6	35,3	17,6
3,71	268	89,2	44,6	22,3	4,16	211	70,2	35,1	18,0
3,72	266	88,7	44,4	22,2	4,17	210	69,9	34,9	17,5
3,73	265	88,2	44,1	22,1	4,18	209	69,5	34,8	17,4
3,74	263	87,7	43,9	21,9	4,19	208	69,2	34,6	17,3
3,75	262	87,2	43,6	21,8	4,20	207	68,8	34,4	17,2
3,76	260	86,8	43,4	21,7	4,21	205	68,5	34,2	17,1
3,77	259	86,3	43,1	21,6	4,22	204	68,2	34,1	17,0
3,78	257	85,8	42,9	21,5	4,23	203	67,8	33,9	17,0
3,79	256	85,3	42,7	21,3	4,24	202	67,5	33,7	16,9
3,80	255	84,9	42,4	21,2	4,25	201	67,1	33,6	16,8
3,81	253	84,4	42,2	21,1	4,26	200	66,8	33,4	16.7
3,82	252	84,0	42,0	21,0	4,27	199	66,5	33,2	16,6
3,83	250	83,5	41,7	20,9	4,28	198	66,2	33,1	16,5
3,84	249	83,0	41,5	20,8	4,29	198	65,8	32,9	16,5
3,85	248	82,6	41,3	20,6	4,30	197	65,5	32,8	16,4

d [mm]	P [kg] 3000	1000	500	250	d [mm]	P [kg] 3000	1000	500	250
4,31	196	65,2	32,6	16,3	4,76	158	52,8	26,4	13,2
4,32	195	64,9	32,4	16,2	4,77	158	52,6	26,3	13,1
4,33	194	64,6	32,3	16,1	4,78	157	52,3	26,2	13,1
4,34	193	64,2	32,1	16,1	4,79	156	52,1	26,1	13,0
4,35	192	63,9	32,0	16,0	4,80	156	51,9	25,9	13,0
4,36	191	63,6	31,8	15,9	4,81	155	51,6	25,8	12,9
4,37	190	63,3	31,7	15,8	4,82	154	51,4	25,7	12,9
4,38	189	63,0	31,5	15,8	4,83	154	51,2	25,6	12,8
4,39	188	62,7	31,4	15,7	4,84	153	51,0	25,5	12,7
4,40	187	62,4	31,2	15,6	4,85	152	50,7	25,4	12,7
4,41	186	62,1	31,1	15,6	4,86	152	50,5	25,3	12,6
4,42	185	61,8	30,9	15,5	4,87	151	50,3	25,1	12,6
4,43	185	61,5	30,8	15,4	4,88	150	50,1	25,0	12,5
4,44	184	61,2	30,6	15,3	4,89	150	49,8	24,9	12,5
4,45	183	60,9	30,5	15,2	4,90	149	49,6	24,8	12,4
4,46	182	60,6	30,3	15,2	4,91	148	49,4	24,7	12,4
4,47	181	60,4	30,2	15,1	4,92	148	49,2	24,6	12,3
4,48	180	60,1	30,0	15,0	4,93	147	49,0	24,5	12,2
4,49	179	59,8	29,9	14,9	4,94	146	48,8	24,4	12,2
4,50	179	59,5	29,8	14,9	4,95	146	48,6	24,3	12,1
4,51	178	59,2	29,6	14,8	4,96	145	48,4	24,2	12,1
4,52	177	59,0	29,5	14,7	4,97	144	48,1	24,1	12,0
4,53	176	58,7	29,3	14,7	4,98	144	47,9	24,0	12,0
4,54	175	58,4	29,2	14,6	4,99	143	47,7	23,9	11,9
4,55	174	58,1	29,1	14,5	5,00	143	47,5	23,8	11,9
4,56	174	57,9	28,9	14,5	5,01	142	47,3	23,7	11,8
4,57	173	57,6	28,8	14,4	5,02	141	47,1	23,6	11,8
4,58	172	57,3	28,7	14,3	5,03	141	46,9	23,5	11,7
4,59	171	57,1	28,5	14,3	5,04	140	46,7	23,4	11,7
4,60	170	56,8	28,4	14,2	5,05	140	46,5	23,3	11,6
4,61	170	56,5	28,3	14,1	5,06	139	46,3	23,2	11,6
4,62	169	56,3	28,1	14,1	5,07	138	46,1	23,1	11,5
4,63	168	56,0	28,0	14,0	5,08	138	45,9	23,0	11,5
4,64	167	55,8	27,9	13,9	5,09	137	45,7	22,9	11,4
4,65	167	55,5	27,8	13,9	5,10	137	45,5	22,8	11,4
4,66	166	55,2	27,6	13,8	5,11	136	45,3	22,7	11,3
4,67	165	55,0	27,5	13,8	5,12	135	45,1	22,6	11,3
4,68	164	54,8	27,4	13,7	5,13	135	45,0	22,5	11,2
4,69	164	54,5	27,3	13,6	5,14	134	44,8	22,4	11,2
4,70	163	54,3	27,1	13,6	5,15	134	44,6	22,3	11,1
4,71	162	54,0	27,0	13,5	5,16	133	44,4	22,2	11,1
4,72	161	53,8	26,9	13,4	5,17	133	44,2	22,1	11,1
4,73	161	53,5	26,8	13,4	5,18	132	44,0	22,0	11,0
4,74	160	53,3	26,6	13,3	5,19	132	43,8	21,9	11,0
4,75	159	53,0	26,5	13,3	5,20	131	43,7	21,8	10,9

d [mm]	P [kg]				d [mm]	P [kg]			
	3000	1000	500	250		3000	1000	500	250
5,21	130	43,5	21,7	10,9	5,66	109	36,3	18,1	9,1
5,22	130	43,3	21,6	10,8	5,67	108	36,1	18,1	9,0
5,23	129	43,1	21,6	10,8	5,68	108	36,0	18,0	9,0
5,24	129	42,9	21,5	10,7	5,69	107	35,8	17,9	9,0
5,25	128	42,8	21,4	10,7	5,70	107	35,7	17,8	8,9
5,26	128	42,6	21,3	10,6	5,71	107	35,6	17,8	8,9
5,27	127	42,4	21,2	10,6	5,72	106	35,4	17,7	8,9
5,28	127	42,2	21,1	10,6	5,73	106	35,3	17,6	8,8
5,29	126	42,1	21,0	10,5	5,74	105	35,1	17,6	8,8
5,30	126	41,9	20,9	10,5	5,75	105	35,0	17,5	8,8
5,31	125	41,7	20,9	10,4	5,76	105	34,9	17,4	8,7
5,32	125	41,5	20,8	10,4	5,77	104	34,7	17,4	8,7
5,33	124	41,4	20,7	10,3	5,78	104	34,6	17,3	8,7
5,34	124	41,2	20,6	10,3	5,79	103	34,5	17,2	8,6
5,35	123	41,0	20,5	10,3	5,80	103	34,3	17,2	8,6
5,36	123	40,9	20,4	10,2	5,81	103	34,2	17,1	8,6
5,37	122	40,7	20,3	10,2	5,82	102	34,1	17,0	8,5
5,38	122	40,5	20,3	10,1	5,83	102	33,9	17,0	8,5
5,39	121	40,4	20,2	10,1	5,84	101	33,8	16,9	8,5
5,40	121	40,2	20,1	10,1	5,85	101	33,7	16,8	8,4
5,41	120	40,0	20,0	10,0	5,86	101	33,6	16,8	8,4
5,42	120	39,9	19,9	10,0	5,87	100	33,4	16,7	8,4
5,43	119	39,7	19,9	9,9	5,88	99,9	33,3	16,7	8,3
5,44	119	39,6	19,8	9,9	5,89	99,5	33,2	16,6	8,3
5,45	118	39,4	19,7	9,9	5,90	99,2	33,1	16,5	8,3
5,46	118	39,2	19,6	9,8	5,91	98,8	32,9	16,5	8,2
5,47	117	39,1	19,5	9,8	5,92	98,4	32,8	16,4	8,2
5,48	117	38,9	19,5	9,7	5,93	98,0	32,7	16,3	8,2
5,49	116	38,8	19,4	9,7	5.94	97,7	32,6	16,3	8,1
5,50	116	38,6	19,3	9,7	5,95	97,3	32,4	16,2	8,1
5,51	115	38,5	19,2	9,6	5,96	96,9	32,3	16,2	8,1
5,52	115	38,3	19,2	9,6	5,97	96,6	32,2	16,1	8,0
5,53	114	38,2	19,1	9,5	5,98	96,2	32,1	16,0	8,0
5,54	114	38,0	19,0	9,5	5,99	95,9	32,0	16,0	8,0
5,55	114	37,9	18,9	9,5	6,00	95,5	31,8	15,9	8,0
5,56	113	37,7	18,9	9,4	6,01	95,1	31,7	15,9	7,9
5,57	113	37,6	18,8	9,4	6,02	94,8	31,6	15,8	7,9
5,58	112	37,4	18,7	9,4	6,03	94,4	31,5	15,7	7,9
5,59	112	37,3	18,6	9,3	6,04	94,1	31,4	15,7	7,8
5,60	111	37,1	18,6	9,3	6,05	93,7	31,2	15,6	7,8
5,61	111	37,0	18,5	9,2	6,06	93,4	31,1	15,6	7,8
5,62	110	36,8	18,4	9,2	6,07	93,0	31,0	15,5	7,8
5,63	110	36,7	18,3	9,2	6,08	92,7	30,9	15,4	7,7
5,64	110	36,5	18,3	9,1	6,09	92,3	30,8	15,4	7,7
5,65	109	36,4	18,2	9,1	6,10	92,0	30,7	15,3	7,7

d [mm]	P [kg]				d [mm]	P [kg]			
	3000	1000	500	250		3000	1000	500	250
6,11	91,7	30,6	15,3	7,6	6,56	77,9	26,0	13,0	6,5
6,12	91,3	30,4	15,2	7,6	6,57	77,6	25,9	12,9	6,5
6,13	91,0	30,3	15,2	7,6	6,58	77,3	25,8	12,9	6,4
6,14	90,6	30,2	15,1	7,6	6,59	77,1	25,7	12,8	6,4
6,15	90,3	30,1	15,1	7,5	6,60	76,8	25,6	12,8	6,4
6,16	90,0	30,0	15,0	7,5	6,61	76,5	25,5	12,8	6,4
6,17	89,7	29,9	14,9	7,5	6,62	76,2	25,4	12,7	6,4
6,18	89,3	29,8	14,9	7,4	6,63	76,0	25,3	12,7	6,3
6,19	89,0	29,7	14,8	7,4	6,64	75,7	25,2	12,6	6,3
6,20	88,7	29,6	14,8	7,4	6,65	75,4	25,1	12,6	6,3
6,21	88,3	29,4	14,7	7,4	6,66	75,2	25,1	12,5	6,3
6,22	88,0	29,3	14,7	7,3	6,67	74,9	25,0	12,5	6,2
6,23	87,7	29,2	14,6	7,3	6,68	74,7	24,9	12,4	6,2
6,24	87,4	29,1	14,6	7,3	6,69	74,4	24,8	12,4	6,2
6,25	87,1	29,0	14,5	7,3	6,70	74,1	24,7	12,4	6,2
6,26	86,7	28,9	14,5	7,2	6,71	73,9	24,6	12,3	6,2
6,27	86,4	28,8	14,4	7,2	6,72	73,6	24,5	12,3	6,1
6,28	86,1	28,7	14,4	7,2	6,73	73,4	24,5	12,2	6,1
6,29	85,8	28,6	14,3	7,1	6,74	73,1	24,4	12,2	6,1
6,30	85,5	28,5	14,2	7,1	6,75	72,8	24,3	12,1	6,1
6,31	85,2	28,4	14,2	7,1	6,76	72,6	24,2	12,1	6,0
6,32	84,9	28,3	14,1	7,1	6,77	72,3	24,1	12,1	6,0
6,33	84,6	28,2	14,1	7,0	6,78	72,1	24,0	12,0	6,0
6,34	84,3	28,1	14,0	7,0	6,79	71,8	23,9	12,0	6,0
6,35	84,0	28,0	14,0	7,0	6,80	71,6	23,9	11,9	6,0
6,36	83,7	27,9	13,9	7,0	6,81	71,3	23,8	11,9	5,9
6,37	83,4	27,8	13,9	6,9	6,82	71,1	23,7	11,8	5,9
6,38	83,1	27,7	13,8	6,9	6,83	70,8	23,6	11,8	5,9
6,39	82,8	27,6	13,8	6,9	6,84	70,6	23,5	11,8	5,9
6,40	82,5	27,5	13,7	6,9	6,85	70,4	23,5	11,7	5,9
6,41	82,2	27,4	13,7	6,8	6,86	70,1	23,4	11,7	5,8
6,42	81,9	27,3	13,6	6,8	6,87	69,9	23,3	11,6	5,8
6,43	81,6	27,2	13,6	6,8	6,88	69,6	23,2	11,6	5,8
6,44	81,3	27,1	13,5	6,8	6,89	69,4	23,1	11,6	5,8
6,45	81,0	27,0	13,5	6,7	6,90	69,2	23,1	11,5	5,8
6,46	80,7	26,9	13,4	6,7	6,91	68,9	23,0	11,5	5,7
6,47	80,4	26,8	13,4	6,7	6,92	68,7	22,9	11,4	5,7
6,48	80,1	26,7	13,4	6,7	6,93	68,4	22,8	11,4	5,7
6,49	79,8	26,6	13,3	6,7	6,94	68,2	22,7	11,4	5,7
6,50	79,6	26,5	13,3	6,6	6,95	68,0	22,7	11,3	5,7
6,51	79,3	26,4	13,2	6,6	6,96	67,7	22,6	11,3	5,6
6,52	79,0	26,3	13,2	6,6	6,97	67,5	22,5	11,3	5,6
6,53	78,7	26,2	13,1	6,6	6,98	67,3	22,4	11,2	5,6
6,54	78,4	26,1	13,1	6,5	6,99	67,0	22,3	11,2	5,6
6,55	78,2	26,1	13,0	6,5	7,00	66,8	22,3	11,1	5,6

d [mm]	P [kg] 750	250	125	62,5
1,00		315	158	78,8
1,01		309	154	77,2
1,02		303	151	75,7
1,03		297	148	74,2
1,04		291	146	72,8
1,05		285	143	71,4
1,06		280	140	70,0
1,07		275	137	68,7
1,08		270	135	67,4
1,09		265	132	66,2
1,10		260	130	65,0
1,11		255	128	63,8
1,12		251	125	62,6
1,13		246	123	61,5
1,14		242	121	60,4
1,15		237	119	59,4
1,16		233	117	58,3
1,17		229	115	57,3
1,18		225	113	56,3
1,19		222	111	55,4
1,20		218	109	54,4
1,21		214	107	53,5
1,22		211	105	52,7
1,23		207	104	51,8
1,24		204	102	50,9
1,25		200	100	50,1

d [mm]	P [kg] 750	250	125	62,5
1,26	592	197	98,6	49,3
1,27	582	194	97,1	48,6
1,28	573	191	95,5	47,8
1,29	564	188	94,0	47,0
1,30	555	185	92,6	46,3
1,31	547	182	91,1	45,6
1,32	538	179	89,7	44,9
1,33	530	177	88,4	44,2
1,34	522	174	87,0	43,5
1,35	514	171	85,7	42,9
1,36	507	169	84,4	42,2
1,37	499	166	83,2	41,6
1,38	492	164	81,9	41,0
1,39	485	162	80,8	40,4
1,40	477	159	79,6	39,8
1,41	471	157	78,4	39,2
1,42	464	155	77,3	38,7
1,43	457	152	76,2	38,1
1,44	451	150	75,1	37,6
1,45	444	148	74,1	37,0
1,46	438	146	73,0	36,5
1,47	432	144	72,0	36,0
1,48	426	142	71,0	35,5
1,49	420	140	70,1	35,0
1,50	415	138	69,1	34,6
1,51	409	136	68,2	34,1
1,52	404	135	67,3	33,6
1,53	398	133	66,4	33,2
1,54	393	131	65,5	32,7
1,55	388	129	64,6	32,3
1,56	383	128	63,8	31,9
1,57	378	126	62,9	31,5
1,58	373	124	62,1	31,1
1,59	368	123	61,3	30,7
1,60	363	121	60,5	30,3
1,61	359	120	59,8	29,9
1,62	354	118	59,0	29,5
1,63	350	117	58,3	29,1
1,64	345	115	57,5	28,8
1,65	341	114	56,8	28,4
1,66	337	112	56,1	28,1
1,67	333	111	55,4	27,7
1,68	329	110	54,8	27,4
1,69	325	108	54,1	27,0
1,70	321	107	53,4	26,7

d [mm]	P [kg]				d [mm]	P [kg]			
	750	250	125	62,5		750	250	125	62,5
1,71	317	106	52,8	26,4	2,16	195	64,9	32,4	16,2
1,72	313	104	52,2	26,1	2,17	193	64,2	32,1	16,1
1,73	309	103	51,5	25,8	2,18	191	63,6	31,8	15,9
1,74	306	102	50,9	25,5	2,19	189	63,0	31,5	15,8
1,75	302	101	50,3	25,2	2,20	187	62,4	31,2	15,6
1,76	298	99,5	49,7	24,9	2,21	185	61,8	30,9	15,5
1,77	295	98,3	49,2	24,6	2,22	184	61.2	30,6	15,3
1,78	292	97,2	48,6	24,3	2,23	182	60,6	30,3	15,2
1,79	288	96,1	48,0	24,0	2,24	180	60,1	30,0	15,0
1,80	285	95,0	47,5	23,7	2,25	179	59,5	29,8	14,9
1,81	282	93,9	46,9	23,5	2,26	177	59,0	29,5	14,7
1,82	278	92,8	46,4	23,2	2,27	175	58,4	29,2	14,6
1,83	275	91,7	45,9	22,9	2,28	174	57,9	28,9	14,5
1,84	272	90,7	45,4	22,7	2,29	172	57,3	28,7	14,3
1,85	269	89,7	44,9	22,4	2,30	170	56,8	28,4	14,2
1,86	266	88,7	44,4	22,2	2,31	169	56,3	28,1	14,1
1,87	263	87,7	43,9	21,9	2,32	167	55,8	27,9	13,9
1,88	260	86,8	43,4	21,7	2,33	166	55,2	27,6	13,8
1,89	257	85,8	42,9	21,5	2,34	164	54,8	27,4	13,7
1,90	255	84,9	42,4	21,2	2,35	163	54.3	27,1	13,6
1,91	252	84,0	42,0	21,0	2,36	161	53,8	26,9	13,4
1,92	249	83,0	41,5	20,8	2,37	160	53,3	26,6	13,3
1,93	246	82,1	41,1	20,5	2,38	158	52,8	26,4	13,2
1,94	244	81,3	40,6	20,3	2,39	157	52,3	26,2	13,1
1,95	241	80,4	40,2	20,1	2,40	156	51,9	25,9	13,0
1,96	239	79,6	39,8	19,9	2,41	154	51,4	25,7	12,9
1,97	236	78,7	39,4	19,7	2,42	153	51,0	25,5	12,7
1,98	234	77,9	38,9	19,5	2,43	152	50,5	25,3	12,6
1,99	231	77,1	38,5	19,3	2,44	150	50,1	25,0	12,5
2,00	229	76,3	38,1	19,1	2,45	149	49,6	24,8	12,4
2,01	226	75,5	37,7	18,9	2,46	148	49,2	24,6	12,3
2,02	224	74,7	37,3	18,7	2,47	146	48,8	24,4	12,2
2,03	222	73,9	37,0	18,5	2,48	145	48,4	24,2	12,1
2,04	219	73,2	36,6	18,3	2,49	144	47,9	24,0	12,0
2,05	217	72,4	36,2	18,1	2,50	143	47,5	23,8	11,9
2,06	215	71,7	35,8	17,9	2,51	141	47,1	23,6	11,8
2,07	213	71,0	35,5	17,7	2,52	140	46,7	23,4	11,7
2,08	211	70,2	35,1	17,6	2,53	139	46,3	23,2	11,6
2,09	209	69,5	34,8	17,4	2,54	138	45,9	23,0	11,5
2,10	207	68,8	34,4	17,2	2,55	137	45,5	22,8	11,4
2,11	204	68,2	34,1	17,0	2,56	135	45,1	22,6	11,3
2,12	202	67,5	33,7	16,9	2,57	134	44,8	22,4	11,2
2,13	200	66,8	33,4	16,7	2,58	133	44,4	22,2	11,1
2,14	198	66,2	33,1	16,5	2,59	132	44,0	22,0	11,0
2,15	197	65,5	32,8	16,4	2,60	131	43,7	21.8	10,9

d [mm]	P [kg]				d [mm]	P [kg]			
	750	250	125	62,5		750	250	125	62,5
2,61	130	43,3	21,6	10,8	3,06	91,3	30,4	15,2	7,6
2,62	129	42,9	21,5	10,7	3,07	90,6	30,2	15,1	7,6
2,63	128	42,6	21,3	10,6	3,08	90,0	30,0	15,0	7,5
2,64	127	42,2	21,1	10,6	3,09	89,3	29,8	14,9	7,4
2,65	126	41,9	20,9	10,5	3,10	88,7	29,6	14,8	7,4
2,66	125	41,5	20,8	10,4	3,11	88,0	29,3	14,7	7,3
2,67	124	41,2	20,6	10,3	3,12	87,4	29,1	14,6	7,3
2,68	123	40,9	20,4	10,2	3,13	86,7	28,9	14,5	7,2
2,69	122	40,5	20,3	10,1	3,14	86,1	28,7	14,4	7,2
2,70	121	40,2	20,1	10,1	3,15	85,5	28,5	14,2	7,1
2,71	120	39,9	19,9	10,0	3,16	84,9	28,3	14,1	7,1
2,72	119	39,6	19,8	9,9	3,17	84,3	28,1	14,0	7,0
2,73	118	39,2	19,6	9,8	3,18	83,7	27,9	13,9	7,0
2,74	117	38,9	19,5	9,7	3,19	83,1	27,7	13,8	6,9
2,75	116	38,6	19,3	9,7	3,20	82,5	27,5	13,7	6,9
2,76	115	38,3	19,2	9,6	3,21	81,9	27,3	13,6	6,8
2,77	114	38,0	19,0	9,5	3,22	81,3	27,1	13,5	6,8
2,78	113	37,7	18,9	9,4	3,23	80,7	26,9	13,4	6,7
2,79	112	37,4	18,7	9,4	3,24	80,1	26,7	13,4	6,7
2,80	111	37,1	18,6	9,3	3,25	79,6	26,5	13,3	6,6
2,81	110	36,8	18,4	9,2	3,26	79,0	26,3	13,2	6,6
2,82	110	36,5	18,3	9,1	3,27	78,4	26,1	13,1	6,5
2,83	109	36,3	18,1	9,1	3,28	77,9	26,0	13,0	6,5
2,84	108	36,0	18,0	9,0	3,29	77,3	25,8	12,9	6,4
2,85	107	35,7	17,8	8,9	3,30	76,8	25,6	12,8	6,4
2,86	106	35,4	17,7	8,9	3,31	76,2	25,4	12,7	6,4
2,87	105	35,1	17,6	8,8	3,32	75,7	25,2	12,6	6,3
2,88	105	34,9	17,4	8,7	3,33	75,2	25,1	12,5	6,3
2,89	104	34,6	17,3	8,7	3,34	74,7	24,9	12,4	6,2
2,90	103	34,3	17,2	8,6	3,35	74,1	24,7	12,4	6,2
2,91	102	34,1	17,0	8,5	3,36	73,6	24,5	12,3	6,1
2,92	101	33,8	16,9	8,5	3,37	73,1	24,4	12,2	6,1
2,93	101	33,6	16,8	8,4	3,38	72,6	24,2	12,1	6,0
2,94	99,9	33,3	16,7	8,3	3,39	72,1	24,0	12,0	6,0
2,95	99,2	33,1	16,5	8,3	3,40	71,6	23,9	11,9	6,0
2,96	98,4	32,8	16,4	8,2	3,41	71,1	23,7	11,8	5,9
2,97	97,7	32,6	16,3	8,1	3,42	70,6	23,5	11,8	5,9
2,98	96,9	32,3	16,2	8,1	3,43	70,1	23,4	11,7	5,8
2,99	96,2	32,1	16,0	8,0	3,44	69,6	23,2	11,6	5,8
3,00	95,5	31,8	15,9	8,0	3,45	69,2	23,1	11,5	5,8
3,01	94,8	31,6	15,8	7,9	3,46	68,7	22,9	11,4	5,7
3,02	94,1	31,4	15,7	7,8	3,47	68,2	22,7	11,4	5,7
3,03	93,4	31,1	15,6	7,8	3,48	67,7	22,6	11,3	5,6
3,04	92,7	30,9	15,4	7,7	3,49	67,3	22,4	11,2	5,6
3,05	92,0	30,7	15,3	7,7	3,50	66,8	22,3	11,1	5,6

d [mm]	P [kg] 187,5	P [kg] 62,5	P [kg] 31,25	P [kg] 15,625	d [mm]	P [kg] 187,5	P [kg] 62,5	P [kg] 31,25	P [kg] 15,625
					0,86	313	104	52,2	26,1
					0,87	306	102	50,9	25,5
					0,88	298	99,5	49,7	24,9
					0,89	292	97,2	48,6	24,3
					0,90	285	95,0	47,5	23,7
					0,91	278	92,8	46,4	23,2
					0,92	272	90,7	45,4	22,7
					0,93	266	88,7	44,4	22,2
					0,94	260	86,8	43,4	21,7
0,50		315	158	78,8	0,95	255	84,9	42,4	21,2
0,51		303	151	75,7	0,96	249	83,0	41,5	20,8
0,52		291	146	72,8	0,97	244	81,3	40,6	20,3
0,53		280	140	70,0	0,98	239	79,6	39,8	19,9
0,54		270	135	67,4	0,99	234	77,9	38,9	19,5
0,55		260	130	65,0	1,00	229	76,3	38,1	19,1
0,56		251	125	62,6	1,01	224	74,7	37,3	18,7
0,57		242	121	60,4	1,02	219	73,2	36,6	18,3
0,58		233	117	58,3	1,03	215	71,7	35,8	17,9
0,59		225	113	56,3	1,04	211	70,2	35,1	17,6
0,60		218	109	54,4	1,05	207	68,8	34,4	17,2
0,61		211	105	52,7	1,06	202	67,5	33,7	16,9
0,62		204	102	50,9	1,07	198	66,2	33,1	16,5
0,63	592	197	98,6	49,3	1,08	195	64,9	32,4	16,2
0,64	573	191	95,5	47,8	1,09	191	63,6	31,8	15,9
0,65	555	185	92,6	46,3	1,10	187	62,4	31,2	15,6
0,66	538	179	89,7	44,9	1,11	184	61,2	30,6	15,3
0,67	522	174	87,0	43,5	1,12	180	60,1	30,0	15,0
0,68	507	169	84,4	42,2	1,13	177	59,0	29,5	14,7
0,69	492	164	81,9	41,0	1,14	174	57,9	28,9	14,5
0,70	477	159	79,6	39,8	1,15	170	56,8	28,4	14,2
0,71	464	155	77,3	38,7	1,16	167	55,8	27,9	13,9
0,72	451	150	75,1	37,6	1,17	164	54,8	27,4	13,7
0,73	438	146	73,0	36,5	1,18	161	53,8	26,9	13,4
0,74	426	142	71,0	35,5	1,19	158	52,8	26,4	13,2
0,75	415	138	69,1	34,6	1,20	156	51,9	25,9	13,0
0,76	404	135	67,3	33,6	1,21	153	51,0	25,5	12,7
0,77	393	131	65,5	32,7	1,22	150	50,1	25,0	12,5
0,78	383	128	63,8	31,9	1,23	148	49,2	24,6	12,3
0,79	373	124	62,1	31,1	1,24	145	48,4	24,2	12,1
0,80	363	121	60,5	30,3	1,25	143	47,5	23,8	11,9
0,81	354	118	59,0	29,5	1,26	140	46,7	23,4	11,7
0,82	345	115	57,5	28,8	1,27	138	45,9	23,0	11,5
0,83	337	112	56,1	28,1	1,28	135	45,1	22,6	11,3
0,84	329	110	54,8	27,4	1,29	133	44,4	22,2	11,1
0,85	321	107	53,4	26,7	1,30	131	43,7	21,8	10,9

d [mm]	P [kg]				d [mm]	P [kg]			
	187,5	62,5	31,25	15,625		187,5	62,5	31,25	15,625
1,31	129	42,9	21,5	10,7	1,56	87,4	29,1	14,6	7,3
1,32	127	42,2	21,1	10,6	1,57	86,1	28,7	14,4	7,2
1,33	125	41,5	20,8	10,4	1,58	84,9	28,3	14,1	7,1
1,34	123	40,9	20,4	10,2	1,59	83,7	27,9	13,9	7,0
1,35	121	40,2	20,1	10,1	1,60	82,5	27,5	13,7	6,9
1,36	119	39,6	19,8	9,9	1,61	81,3	27,1	13,5	6,8
1,37	117	38,9	19,5	9,7	1,62	80,1	26,7	13,4	6,7
1,38	115	38,3	19,2	9,6	1,63	79,0	26,3	13,2	6,6
1,39	113	37,7	18,9	9,4	1,64	77,9	26,0	13,0	6,5
1,40	111	37,1	18,6	9,3	1,65	76,8	25,6	12,8	6,4
1,41	110	36,5	18,3	9,1	1,66	75,7	25,2	12,6	6,3
1,42	108	36,0	18,0	9,0	1,67	74,7	24,9	12,4	6,2
1,43	106	35,4	17,7	8,9	1,68	73,6	24,5	12,3	6,1
1,44	105	34,9	17,4	8,7	1,69	72,6	24,2	12,1	6,0
1,45	103	34,3	17,2	8,6	1,70	71,6	23,9	11,9	6,0
1,46	101	33,8	16,9	8,5	1,71	70,6	23,5	11,8	5,9
1,47	99,9	33,3	16,7	8,3	1,72	69,6	23,2	11,6	5,8
1,48	98,4	32,8	16,4	8,2	1,73	68,7	22,9	11,4	5,7
1,49	96,9	32,3	16,2	8,1	1,74	67,7	22,6	11,3	5,6
1,50	95,5	31,8	15,9	8,0	1,75	66,8	22,3	11,1	5,6
1,51	94,1	31,4	15,7	7,8					
1,52	92,7	30,9	15,4	7,7					
1,53	91,3	30,4	15,2	7,6					
1,54	90,0	30,0	15,0	7,5					
1,55	88,7	29,6	14,8	7,4					

d [¹/₁₀₀ mm]	P [kg] 46,9	P [kg] 15,6	P [kg] 7,81	P [kg] 3,91	d [¹/₁₀₀ mm]	P [kg] 46,9	P [kg] 15,6	P [kg] 7,81	P [kg] 3,91
					28,2		247	124	62,0
					28,4		244	122	61,0
					28,6		240	120	60,0
					28,8		236	118	59,0
					29,0		233	117	58,5
					29,2		230	115	57,5
					29,4		227	114	57,0
					29,6		224	112	56,0
					29,8		221	111	55,5
					30,0		218	109	54,5
					30,2		215	108	54,0
					30,4		212	106	53,0
					30,6		209	105	52,5
					30,8		207	104	52,0
					31,0		204	102	51,0
					31,2		201	101	50,3
					31,4	596	199	99,5	49,8
					31,6	588	196	98,0	49,0
					31,8	580	193	96,5	48,3
					32,0	573	191	95,5	47,8
					32,2	565	188	94,0	47,0
					32,4	558	186	93,0	46,5
					32,6	551	184	92,0	46,0
					32,8	544	181	90,5	45,3
25,0		315	158	79,0	33,0	537	179	89,7	44,9
25,2		310	155	77,5	33,2	531	177	88,5	44,3
25,4		305	153	76,5	33,4	525	175	87,5	43,8
25,6		300	150	75,0	33,6	519	173	86,5	43,3
25,8		296	148	74,0	33,8	513	171	85,5	42,8
26,0		291	146	73,0	34,0	507	169	84,5	42,3
26,2		286	143	71,5	34,2	501	167	83,5	41,8
26,4		282	141	70,5	34,4	495	165	82,5	41,3
26,6		278	139	69,5	34,6	489	163	81,5	40,8
26,8		274	137	68,5	34,8	483	161	80,5	40,3
27,0		270	135	67,5	35,0	477	159	79,6	39,8
27,2		266	133	66,5	35,2	471	157	78,5	39,3
27,4		262	131	65,5	35,4	465	155	77,5	38,8
27,6		258	129	64,5	35,6	460	153	76,5	38,3
27,8		254	127	63,5	35,8	455	152	76,0	38,0
28,0		251	125	62,5	36,0	450	150	75,1	37,6

d [$^1/_{100}$ mm]	P [kg]				d [$^1/_{100}$ mm]	P [kg]			
	46,9	15,6	7,81	3,91		46,9	15,6	7,81	3,91
36,2	445	148	74,0	37,0	53,0	203	67,5	33,7	16,9
36,4	440	146	73,0	36,5	53,5	199	66,2	33,1	16,6
36,6	435	145	72,5	36,3	54,0	195	64,9	32,4	16,2
36,8	430	143	71,5	35,8	54,5	191	63,6	31,8	15,9
37,0	426	142	71,0	35,5	55,0	187	62,4	31,2	15,6
37,2	421	140	70,0	35,0	55,5	184	61,2	30,6	15,3
37,4	417	139	69,5	34,7	56,0	180	60,1	30,0	15,0
37,6	413	138	69,0	34,5	56,5	177	59,0	29,5	14,8
37,8	409	136	68,0	34,0	57,0	174	57,9	28,9	14,5
38,0	405	135	67,3	33,7	57,5	170	56,8	28,4	14,2
38,2	400	133	66,5	33,3	58,0	167	55,8	27,9	13,9
38,4	396	132	66,0	33,0	58,5	164	54,8	27,4	13,7
38,6	392	131	65,5	32,7	59,0	161	53,8	26,9	13,4
38,8	388	129	64,5	32,3	59,5	158	52,8	26,4	13,2
39,0	384	128	63,8	31,9	60,0	156	51,9	25,9	12,9
39,2	379	126	63,1	31,5	60,5	153	51,0	25,5	12,7
39,4	375	125	62,5	31,3	61,0	150	50,1	25,0	12,5
39,6	371	124	62,0	31,0	61,5	148	49,2	24,6	12,3
39,8	367	122	61,0	30,5	62,0	145	48,4	24,2	12,1
40,0	363	121	60,5	30,3	62,5	143	47,5	23,8	11,9
40,5	354	118	59,0	29,5	63,0	140	46,7	23,4	11,7
41,0	345	115	57,5	28,8	63,5	138	45,9	23,0	11,5
41,5	336	112	56,1	28,1	64,0	135	45,1	22,6	11,3
42,0	330	110	54,8	27,4	64,5	133	44,4	22,2	11,1
42,5	321	107	53,8	26,9	65,0	131	43,7	21,8	10,9
43,0	312	104	52,2	26,1	66	127	42,2	21,1	10,6
43,5	306	102	50,9	25,5	67	123	40,9	20,4	10,2
44,0	299	99,5	49,7	24,8	68	119	39,6	19,8	9,9
44,5	292	97,2	48,6	24,3	69	115	38,3	19,2	9,6
45,0	285	95,0	47,5	23,8	70	111	37,1	18,6	9,3
45,5	278	92,8	46,4	23,2	71	108	36,0	18,0	9,0
46,0	272	90,7	45,4	22,9	72	105	34,9	17,4	8,7
46,5	266	88,7	44,4	22,2	73	101	33,8	16,9	8,4
47,0	260	86,8	43,4	21,7	74	98,4	32,8	16,4	8,2
47,5	254	84,9	42,4	21,2	75	95,4	31,8	15,9	7,9
48,0	249	83,0	41,5	20,8	76	92,7	30,9	15,4	7,7
48,5	244	81,3	40,6	20,3	77	90,0	30,0	15,0	7,5
49,0	239	79,6	39,8	19,9	78	87,3	29,1	14,6	7,3
49,5	234	77,9	38,9	19,5	79	84,9	28,3	14,1	7,1
50,0	229	76,3	38,1	19,1	80	82,5	27,5	13,7	6,9
50,5	224	74,7	37,3	18,7	81	80,1	26,7	13,4	6,7
51,0	220	73,2	36,6	18,3	82	78,0	26,0	13,0	6,5
51,5	215	71,7	35,8	17,9	83	75,6	25,2	12,6	6,3
52,0	211	70,2	35,1	17,6	84	73,5	24,5	12,3	6,1
52,5	206	68,8	34,4	17,2	85	71,7	23,9	11,9	5,9

d [$^1/_{100}$ mm]	P [kg] 11,7	3,91	1,953	0,977
12,5		315	157	78,5
12,6		310	155	77,5
12,7		305	153	76,5
12,8		300	150	75,0
12,9		295	148	74,0
13,0		291	146	73,0
13,1		286	144	72,0
13,2		282	141	70,5
13,3		277	139	69,5
13,4		273	137	68,5
13,5		269	135	67,5
13,6		265	133	66,5
13,7		261	131	65,5
13,8		258	129	64,5
13,9		254	127	63,5
14,0		251	126	63,0

d [$^1/_{100}$ mm]	P [kg] 11,7	3,91	1,953	0,977
14,1		247	124	62,0
14,2		244	122	61,0
14,3		240	121	60,5
14,4		237	119	59,5
14,5		233	117	58,5
14,6		230	115	57,5
14,7		227	114	57,0
14,8		224	112	56,0
14,9		221	111	55,5
15,0		218	109	54,5
15,1		215	108	54,0
15,2		212	106	53,0
15,3		209	105	52,5
15,4		206	103	51,5
15,5		203	102	51,0
15,6		201	101	50,5
15,7	595	198	99,0	49,5
15,8	588	196	98,0	49,0
15,9	580	193	96,8	48,4
16,0	573	191	95,5	47,8
16,1	567	189	94,5	47,3
16,2	561	187	93,5	46,8
16,3	553	184	92,2	46.1
16,4	546	182	91,0	45,5
16,5	538	179	89,8	44,9
16,6	531	177	88,5	44,3
16,7	526	175	87,5	43,8
16,8	519	173	86,5	43,3
16,9	513	171	85,5	42,8
17,0	507	169	84,5	42,3
17,1	501	167	83,5	41,8
17,2	495	165	82,5	41,3
17,3	489	163	81,5	40,8
17,4	483	161	80,5	40,3
17,5	477	159	79,5	39,8
17,6	471	157	78,5	39,3
17,7	466	155	77,8	38,9
17,8	462	154	77,0	38,5
17,9	456	152	76,0	38,0
18,0	450	150	75,0	37,5

d [$^1/_{100}$ mm]	P [kg]				d [$^1/_{100}$ mm]	P [kg]			
	11,7	3,91	1,953	0,977		11,7	3,91	1,953	0,977
18,1	446	149	74,5	37,3	22,6	283	94,2	47,1	23,6
18,2	441	147	73,5	36,8	22,7	280	93,3	46,6	23,3
18,3	436	145	72,5	36,3	22,8	277	92,4	46,2	23,1
18,4	432	144	72,0	36,0	22,9	275	91,6	45,8	22,9
18,5	428	143	71,5	35,7	23,0	272	90,7	45,4	22,7
18,6	423	141	70,5	35,3	23,2	267	89,1	44,6	22,3
18,7	418	139	69,5	34,8	23,4	263	87,5	43,8	21,9
18,8	414	138	69,0	34,5	23,6	258	86,0	43,0	21,5
18,9	409	136	68,0	34,0	23,8	254	84,5	42,3	21,2
19,0	405	135	67,5	33,8	24,0	250	83,2	41,6	20,9
19,1	400	133	66,5	33,4	24,2	245	81,8	40,9	20,5
19,2	396	132	66,0	33,0	24,4	241	80,4	40,2	20,1
19,3	391	130	65,6	32,5	24,6	237	79,0	39,5	19,7
19,4	387	129	64,5	32,3	24,8	233	77,6	38,8	19,4
19,5	382	128	64,0	32,0	25,0	229	76,3	38,2	19,1
19,6	378	126	63,0	31,5	25,5	220	73,2	36,6	18,3
19,7	375	125	62,5	31,3	26,0	211	70,2	35,1	17,6
19,8	372	124	62,0	31,0	26,5	203	67,5	33,8	16,9
19,9	367	122	61,0	30,5	27,0	195	64,9	32,5	16,3
20,0	363	121	60,5	30,3	27,5	187	62,4	31,2	15,6
20,1	360	120	60,0	30,0	28,0	180	60,1	30,1	15,0
20,2	357	119	59,5	29,8	28,5	174	57,9	29,2	14,5
20,3	352	117	58,5	29,4	29,0	167	55,8	27,9	13,9
20,4	348	116	58,0	29,0	29,5	161	53,8	26,9	13,5
20,5	345	115	57,5	28,8	30,0	156	51,9	25,9	12,9
20,6	342	114	57,0	28,5	30,5	150	50,1	25,0	12,5
20,7	339	113	56,5	28,3	31,0	145	48,4	24,2	12,1
20,8	336	112	56,0	28,0	31,5	140	46,7	23,4	11,7
20,9	333	111	55,5	27,8	32,0	135	45,1	22,6	11,3
21,0	330	110	55,0	27,5	32,5	131	43,7	21,8	10,9
21,1	327	109	54,5	27,3	33,0	127	42,2	21,1	10,6
21,2	324	108	54,0	27,0	33,5	123	40,9	20,5	10,3
21,3	321	107	53,5	26,8	34,0	119	39,6	19,8	9,9
21,4	318	106	53,0	26,5	34,5	115	38,3	19,2	9,6
21,5	315	105	52,5	26,3	35,0	111	37,1	18,6	9,3
21,6	312	104	52,0	26,0	35,5	108	36,0	18,0	9,0
21,7	309	103	51,5	25,8	36,0	105	34,9	17,4	8,7
21,8	306	102	51,0	25,5	36,5	101	33,8	16,9	8,5
21,9	303	101	50,5	25,2	37,0	98,4	32,8	16,4	8,2
22,0	299	99,6	49,8	24,9	37,5	95,4	31,8	15,9	7,9
22,1	296	98,7	49,3	24,6	38,0	92,7	30,9	15,5	7,7
22,2	293	97,8	48,9	24,4	38,5	90,0	30,0	15,0	7,5
22,3	290	97,0	48,5	24,2	39,0	87,3	29,1	14,6	7,3
22,4	288	96,0	48,0	24,0	39,5	84,9	28,3	14,2	7,1
22,5	285	95,0	47,5	23,8	40,0	82,5	27,5	13,8	6,9

Härtezahlen nach Vickers
Vickers Hardness Numbers
Nombres de Dureté Vickers
Valori di durezza Vickers

VICKERS

$[d = {}^{1}/_{1000}\,\text{mm}]$

P = 0,020 kg

d	HV	d	HV	d	HV	d	HV
		9,6	403	13,6	200	21,2	82,5
		9,7	394	13,7	197	21,4	81,0
5,8	1102	9,8	386	13,8	194	21,6	79,5
5,9	1066	9,9	378	13,9	191	21,8	78,0
6,0	1030	10,0	371	14,0	189	22,0	76,6
6,1	997	10,1	363	14,2	184	22,2	75,2
6,2	965	10,2	356	14,4	179	22,4	73,9
6,3	936	10,3	349	14,6	174	22,6	72,6
6,4	908	10,4	342	14,8	169	22,8	71,3
6,5	879	10,5	336	15,0	165	23,0	70,1
6,6	850	10,6	330	15,2	161	23,5	67,1
6,7	827	10,7	324	15,4	156	24,0	64,4
6,8	803	10,8	318	15,6	152	24,5	61,8
6,9	779	10,9	312	15,8	149	25,0	59,3
7,0	756	11,0	307	16,0	145	25,5	57,0
7,1	736	11,1	301	16,2	141	26,0	54,9
7,2	716	11,2	296	16,4	138	26,5	52,8
7,3	697	11,3	290	16,6	135	27,0	50,9
7,4	678	11,4	285	16,8	131	27,5	49,0
7,5	660	11,5	280	17,0	128	28,0	47,3
7,6	642	11,6	275	17,2	125	28,5	45,6
7,7	626	11,7	270	17,4	122	29,0	44,1
7,8	610	11,8	266	17,6	120	29,5	42,6
7,9	595	11,9	261	17,8	117	30,0	41,2
8,0	580	12,0	257	18,0	114	30,5	39,9
8,1	566	12,1	253	18,2	112	31,0	38,6
8,2	552	12,2	249	18,4	110	31,5	37,4
8,3	539	12,3	245	18,6	107	32,0	36,2
8,4	526	12,4	241	18,8	105	32,5	35,1
8,5	514	12,5	237	19,0	102	33,0	34,1
8,6	502	12,6	234	19,2	100,6	33,5	33,1
8,7	491	12,7	230	19,4	98,5	34,0	32,1
8,8	480	12,8	227	19,6	96,5	34,5	31,2
8,9	469	12,9	223	19,8	94,6	35,0	30,3
9,0	458	13,0	220	20,0	92,7	35,5	29,4
9,1	448	13,1	216	20,2	90,9	36,0	28,6
9,2	438	13,2	213	20,4	89,1	37,0	27,1
9,3	429	13,3	209	20,6	87,4	38,0	25,7
9,4	420	13,4	206	20,8	85,7	39,0	24,4
9,5	411	13,5	203	21,0	84,1	40,0	23,2

$$HV = \frac{1,854\,P}{d^2}\ [\text{kg/mm}^2]$$

d	HV	d	HV	d	HV	d	HV
9,1	1120	13,1	541	20,2	227	33,0	85,1
9,2	1095	13,2	532	20,4	223	33,5	82,6
9,3	1072	13,3	523	20,6	218	34,0	80,2
9,4	1050	13,4	515	20,8	214	34,5	77,9
9,5	1027	13,5	507	21,0	210	35,0	75,7
9,6	1005	13,6	500	21,2	206	35,5	73,6
9,7	985	13,7	492	21,4	202	36,0	71,5
9,8	965	13,8	485	21,6	199	36,5	69,6
9,9	946	13,9	478	21,8	195	37,0	67,7
10,0	928	14,0	472	22,0	192	37,5	65,9
10,1	910	14,2	460	22,2	188	38,0	64,2
10,2	892	14,4	447	22,4	185	38,5	62,6
10,3	873	14,6	435	22,6	181	39,0	60,9
10,4	855	14,8	423	22,8	178	39,5	59,4
10,5	840	15,0	412	23,0	175	40,0	57,9
10,6	825	15,2	401	23,2	172	41	55,1
10,7	810	15,4	391	23,4	169	42	52,6
10,8	795	15,6	381	23,6	166	43	50,1
10,9	781	15,8	371	23,8	164	44	47,9
11,0	767	16,0	362	24,0	161	45	45,8
11,1	753	16,2	353	24,2	158	46	43,8
11,2	739	16,4	345	24,4	156	47	42,0
11,3	725	16,6	336	24,6	153	48	40,2
11,4	712	16,8	328	24,8	151	49	38,6
11,5	699	17,0	321	25,0	148	50	37,1
11,6	687	17,2	313	25,5	143	51	35,6
11,7	676	17,4	306	26,0	137	52	34,3
11,8	665	17,6	299	26,5	132	53	33,0
11,9	653	17,8	293	27,0	127	54	31,8
12,0	642	18,0	286	27,5	123	55	30,6
12,1	632	18,2	280	28,0	118	56	29,6
12,2	622	18,4	274	28,5	114	57	28,5
12,3	612	18,6	268	29,0	110	58	27,6
12,4	602	18,8	262	29,5	107	59	26,7
12,5	593	19,0	257	30,0	103	60	25,8
12,6	585	19,2	252	30,5	99,6	61	24,9
12,7	576	19,4	246	31,0	96,5	62	24,1
12,8	567	19,6	241	31,5	93,4	63	23,4
12,9	558	19,8	236	32,0	90,5	64	22,6
13,0	550	20,0	232	32,5	87,8	65	21,9

$$HV = \frac{1,854\ P}{d^2}\ [kg/mm^2]$$

d	HV	d	HV	d	HV	d	HV
13,1	1083	19,2	503	27,2	251	46	87,6
13,2	1065	19,4	493	27,4	247	47	83,9
13,3	1047	19,6	483	27,6	243	48	80,5
13,4	1030	19,8	473	27,8	239	49	77,2
13,5	1015	20,0	464	28,0	236	50	74,2
13,6	1000	20,2	454	28,2	233	51	71,3
13,7	985	20,4	445	28,4	230	52	68,6
13,8	970	20,6	437	28,6	227	53	66,0
13,9	957	20,8	429	28,8	224	54	63,6
14,0	945	21,0	420	29,0	220	55	61,3
14,1	932	21,2	413	29,2	217	56	59,1
14,2	920	21,4	405	29,4	214	57	57,1
14,3	907	21,6	397	29,6	212	58	55,1
14,4	895	21,8	390	29,8	209	59	53,3
14,5	882	22,0	383	30,0	206	60	51,5
14,6	870	22,2	376	30,5	199	61	49,8
14,7	858	22,4	369	31,0	193	62	48,2
14,8	847	22,6	363	31,5	187	63	46,7
14,9	835	22,8	357	32,0	181	64	45,3
15,0	824	23,0	350	32,5	176	65	43,9
15,2	803	23,2	344	33,0	170	66	42,6
15,4	782	23,4	339	33,5	165	67	41,3
15,6	762	23,6	333	34,0	160	68	40,1
15,8	743	23,8	327	34,5	156	69	38,9
16,0	724	24,0	322	35,0	151	70	37,8
16,2	707	24,2	317	35,5	147	71	36,8
16,4	689	24,4	311	36,0	143	72	35,8
16,6	673	24,6	306	36,5	139	73	34,8
16,8	657	24,8	301	37,0	135	74	33,9
17,0	642	25,0	297	37,5	132	75	33,0
17,2	627	25,2	292	38,0	128	76	32,1
17,4	612	25,4	287	38,5	125	77	31,3
17,6	598	25,6	283	39,0	122	78	30,5
17,8	585	25,8	279	39,5	119	79	29,7
18,0	572	26,0	274	40,0	116	80	29,0
18,2	560	26,2	270	41	110	81	28,3
18,4	548	26,4	266	42	105	82	27,6
18,6	536	26,6	262	43	100	83	26,9
18,8	525	26,8	258	44	95,7	84	26,3
19,0	514	27,0	254	45	91,6	85	25,7

$$HV = \frac{1{,}854\,P}{d^2}\ [kg/mm^2]$$

VICKERS

[d = ¹/₁₀₀₀ mm]

P = 0,200 kg

d	HV	d	HV	d	HV	d	HV
18,6	1072	22,6	726	28,2	466	56	118
18,7	1062	22,7	720	28,4	460	57	114
18,8	1049	22,8	713	28,6	453	58	110
18,9	1038	22,9	707	28,8	447	59	107
19,0	1028	23,0	701	29,0	441	60	103
19,1	1016	23,1	695	29,2	435	61	99,7
19,2	1005	23,2	689	29,4	429	62	96,5
19,3	994	23,3	683	29,6	423	63	93,4
19,4	984	23,4	677	29,8	418	64	90,5
19,5	974	23,5	671	30,0	412	65	87,8
19,6	964	23,6	666	30,5	399	66	85,1
19,7	954	23,7	660	31,0	386	67	82,6
19,8	945	23,8	655	31,5	374	68	80,2
19,9	936	23,9	649	32,0	362	69	77,9
20,0	928	24,0	644	32,5	351	70	75,7
20,1	918	24,1	638	33,0	340	71	73,6
20,2	908	24,2	633	33,5	330	72	71,5
20,3	900	24,3	628	34,0	321	73	69,6
20,4	891	24,4	623	34,5	312	74	67,7
20,5	882	24,5	618	35,0	303	75	65,9
20,6	874	24,6	613	36	286	76	64,2
20,7	865	24,7	608	37	271	77	62,5
20,8	857	24,8	603	38	257	78	60,9
20,9	849	24,9	598	39	244	79	59,4
21,0	841	25,0	593	40	232	80	57,9
21,1	833	25,2	584	41	220	81	56,5
21,2	825	25,4	575	42	210	82	55,1
21,3	817	25,6	566	43	201	83	53,8
21,4	810	25,8	557	44	192	84	52,6
21,5	802	26,0	549	45	183	85	51,3
21,6	795	26,2	540	46	176	86	50,1
21,7	787	26,4	532	47	168	87	49,0
21,8	780	26,6	524	48	161	88	47,9
21,9	773	26,8	516	49	154	89	46,8
22,0	766	27,0	509	50	148	90	45,8
22,1	759	27,2	501	51	143	91	44,8
22,2	752	27,4	494	52	137	92	43,8
22,3	746	27,6	487	53	132	93	42,9
22,4	739	27,8	480	54	127	94	42,0
22,5	732	28,0	473	55	123	95	41,2

$$HV = \frac{1,854\ P}{d^2}\ [kg/mm^2]$$

d	HV	d	HV	d	HV	d	HV
26,2	1080	34,2	634	45,5	359	71	147
26,4	1064	34,4	627	46,0	352	72	143
26,6	1048	34,6	620	46,5	344	73	139
26,8	1033	34,8	613	47,0	336	74	135
27,0	1017	35,0	606	47,5	329	75	132
27,2	1002	35,2	599	48,0	322	76	128
27,4	998	35,4	592	48,5	315	77	125
27,6	974	35,6	585	49,0	309	78	122
27,8	960	35,8	578	49,5	303	79	119
28,0	946	36,0	572	50,0	297	80	116
28,2	933	36,2	566	50,5	291	81	113
28,4	919	36,4	560	51,0	285	82	110
28,6	907	36,6	554	51,5	280	83	108
28,8	894	36,8	548	52,0	274	84	105
29,0	882	37,0	542	52,5	269	85	103
29,2	870	37,2	536	53,0	264	86	100
29,4	858	37,4	530	53,5	259	87	98,0
29,6	846	37,6	524	54,0	254	88	95,8
29,8	835	37,8	519	54,5	250	89	93,6
30,0	824	38,0	514	55,0	246	90	91,6
30,2	813	38,2	508	55,5	241	91	89,6
30,4	802	38,4	503	56,0	236	92	87,6
30,6	792	38,6	498	56,5	232	93	85,7
30,8	782	38,8	493	57,0	228	94	83,9
31,0	772	39,0	488	57,5	224	95	82,1
31,2	762	39,2	483	58,0	220	96	80,5
31,4	752	39,4	478	58,5	217	97	78,8
31,6	743	39,6	473	59,0	213	98	77,2
31,8	734	39,8	468	59,5	209	99	75,7
32,0	724	40,0	464	60,0	206	100	74,2
32,2	715	40,5	452	61	199	101	72,7
32,4	706	41,0	440	62	193	102	71,3
32,6	698	41,5	430	63	187	103	69,9
32,8	689	42,0	420	64	181	104	68,6
33,0	681	42,5	411	65	176	105	67,3
33,2	673	43,0	402	66	170	106	66,0
33,4	665	43,5	393	67	165	107	64,8
33,6	657	44,0	384	68	160	108	63,6
33,8	649	44,5	375	69	156	109	62,4
34,0	642	45,0	366	70	151	110	61,3

$$HV = \frac{1,854\ P}{d^2}\ [kg/mm^2]$$

VICKERS

HV [kg/mm²] $[d = {}^{1}/_{1000}\ mm]$ **P = 0,600 kg**

d	HV	d	HV	d	HV	d	HV
		39,2	724	61	299	101	109
		39,4	717	62	289	102	107
31,6	1114	39,6	709	63	280	103	105
31,8	1100	39,8	702	64	272	104	103
32,0	1086	40,0	696	65	263	105	101
32,2	1073	40,5	678	66	255	106	99,0
32,4	1059	41,0	660	67	248	107	97,2
32,6	1046	41,5	645	68	241	108	95,4
32,8	1034	42,0	630	69	234	109	93,6
33,0	1021	42,5	616	70	227	110	92,0
33,2	1009	43,0	602	71	221	111	90,3
33,4	997	43,5	588	72	215	112	88,7
33,6	985	44,0	574	73	209	113	87,1
33,8	974	44,5	561	74	203	114	85,6
34,0	962	45,0	548	75	198	115	84,1
34,2	951	45,5	536	76	193	116	82,6
34,4	940	46,0	524	77	188	117	81,3
34,6	929	46,5	513	78	183	118	79,9
34,8	919	47,0	502	79	178	119	78,6
35,0	908	47,5	492	80	174	120	77,3
35,2	898	48,0	482	81	170	121	76,0
35,4	888	48,5	472	82	166	122	74,8
35,6	878	49,0	462	83	162	123	73,5
35,8	868	49,5	453	84	158	124	72,3
36,0	858	50,0	444	85	154	125	71,2
36,2	849	50,5	436	86	150	126	70,1
36,4	840	51,0	428	87	147	127	69,0
36,6	831	51,5	420	88	144	128	67,9
36,8	822	52,0	412	89	140	129	66,9
37,0	813	52,5	404	90	137	130	65,8
37,2	804	53,0	396	91	134	131	64,8
37,4	795	53,5	389	92	131	132	63,9
37,6	787	54,0	382	93	129	133	62,9
37,8	778	54,5	376	94	126	134	61,9
38,0	770	55,0	370	95	123	135	61,0
38,2	762	56	356	96	121	136	60,1
38,4	754	57	342	97	118	137	59,3
38,6	747	58	330	98	116	138	58,4
38,8	739	59	319	99	114	139	57,6
39,0	732	60	309	100	111	140	56,8

$$HV = \frac{1,854\ P}{d^2}\ [kg/mm^2]$$

# VICKERS
[d = ¹/₁₀₀₀ mm]

P = 0,800 kg

d	HV	d	HV	d	HV	d	HV
		44,2	759	66	341	106	132
		44,4	753	67	330	107	130
36,6	1119	44,6	746	68	321	108	127
36,8	1095	44,8	739	69	312	109	125
37,0	1083	45,0	732	70	303	110	123
37,2	1072	45,5	717	71	294	111	120
37,4	1060	46,0	702	72	286	112	118
37,6	1049	46,5	687	73	278	113	116
37,8	1038	47,0	672	74	271	114	114
38,0	1027	47,5	658	75	264	115	112
38,2	1016	48,0	644	76	257	116	110
38,4	1005	48,5	631	77	250	117	108
38,6	995	49,0	618	78	244	118	107
38,8	985	49,5	606	79	238	119	105
39,0	975	50,0	594	80	232	120	103
39,2	965	50,5	582	81	226	121	101
39,4	956	51,0	570	82	221	122	99,7
39,6	946	51,5	559	83	215	123	98,0
39,8	936	52,0	548	84	210	124	96,4
40,0	927	52,5	538	85	205	125	94,9
40,2	918	53,0	528	86	201	126	93,4
40,4	909	53,5	518	87	196	127	91,9
40,6	900	54,0	508	88	192	128	90,5
40,8	891	54,5	499	89	187	129	89,1
41,0	882	55,0	490	90	183	130	87,7
41,2	874	55,5	481	91	179	131	86,4
41,4	865	56,0	472	92	175	132	85,1
41,6	857	56,5	464	93	171	133	83,8
41,8	849	57,0	456	94	168	134	82,6
42,0	841	57,5	448	95	164	135	81,3
42,2	833	58,0	440	96	161	136	80,1
42,4	825	58,5	433	97	158	137	79,0
42,6	817	59,0	426	98	154	138	77,9
42,8	809	59,5	419	99	151	139	76,8
43,0	802	60,0	412	100	148	140	75,7
43,2	795	61	396	101	145	142	73,6
43,4	787	62	386	102	143	144	71.5
43,6	780	63	374	103	140	146	69,6
43,8	773	64	362	104	137	148	67,7
44,0	766	65	352	105	135	150	65,9

$$HV = \frac{1,854\,P}{d^2}\ [kg/mm^2]$$

<table>
<tr><td>**HV** [kg/mm²]</td><td colspan="6" align="center">**VICKERS**
[d = ¹/₁₀₀ mm]</td><td>**P = 1 kg**</td></tr>
</table>

d	HV	d	HV	d	HV	d	HV
4,1	1104	8,1	283	12,2	125	20,2	45,4
4,2	1052	8,2	276	12,4	121	20,4	44,5
4,3	1003	8,3	269	12,6	117	20,6	43,7
4,4	960	8,4	263	12,8	113	20,8	42,9
4,5	916	8,5	257	13,0	110	21,0	42,1
4,6	876	8,6	251	13,2	106	21,2	41,3
4,7	840	8,7	245	13,4	103	21,4	40,5
4,8	806	8,8	240	13,6	100	21,6	39,7
4,9	772	8,9	234	13,8	97,5	21,8	39,0
5,0	742	9,0	229	14,0	95,0	22,0	38,3
5,1	712	9,1	224	14,2	92,0	22,2	37,6
5,2	685	9,2	219	14,4	89,4	22,4	36,9
5,3	660	9,3	214	14,6	87,0	22,6	36,3
5,4	636	9,4	210	14,8	84,7	22,8	35,7
5,5	614	9,5	205	15,0	82,4	23,0	35,0
5,6	592	9,6	201	15,2	80,3	23,2	34,4
5,7	570	9,7	197	15,4	78,2	23,4	33,9
5,8	550	9,8	193	15,6	76,2	23,6	33,3
5,9	532	9,9	189	15,8	74,3	23,8	32,7
6,0	515	10,0	185	16,0	72,4	24,0	32,2
6,1	499	10,1	181	16,2	70,7	24,2	31,7
6,2	483	10,2	178	16,4	68,9	24,4	31,1
6,3	468	10,3	174	16,6	67,3	24,6	30,6
6,4	454	10,4	171	16,8	65,7	24,8	30,1
6,5	439	10,5	168	17,0	64,2	25,0	29,7
6,6	425	10,6	165	17,2	62,7	25,2	29,2
6,7	413	10,7	162	17,4	61,2	25,4	28,7
6,8	401	10,8	159	17,6	59,8	25,6	28,3
6,9	389	10,9	156	17,8	58,5	25,8	27,9
7,0	378	11,0	153	18,0	57,2	26,0	27,4
7,1	368	11,1	150	18,2	56,0	26,5	26,4
7,2	358	11,2	148	18,4	54,8	27,0	25,4
7,3	348	11,3	145	18,6	53,6	27,5	24,5
7,4	339	11,4	143	18,8	52,5	28,0	23,6
7,5	330	11,5	140	19,0	51,4	28,5	22,8
7,6	321	11,6	138	19,2	50,3	29,0	22,0
7,7	313	11,7	135	19,4	49,3	29,5	21,3
7,8	305	11,8	133	19,6	48,3	30,0	20,6
7,9	297	11,9	131	19,8	47,3	30,5	19,9
8,0	290	12,0	129	20,0	46,4	31,0	19,3

$$HV = \frac{1,854\ P}{d^2}\ [kg/mm^2]$$

VICKERS

$[d = {}^1/_{100} \text{ mm}]$

P = 2 kg

d	HV	d	HV	d	HV	d	HV
		9,6	403	13,6	200	21,2	82,5
		9,7	394	13,7	197	21,4	81,0
5,8	1102	9,8	386	13,8	194	21,6	79,5
5,9	1066	9,9	378	13,9	191	21,8	78,0
6,0	1030	10,0	371	14,0	189	22,0	76,6
6,1	997	10,1	363	14,2	184	22,2	75,2
6,2	965	10,2	356	14,4	179	22,4	73,9
6,3	936	10,3	349	14,6	174	22,6	72,6
6,4	908	10,4	342	14,8	169	22,8	71,3
6,5	879	10,5	336	15,0	165	23,0	70,1
6,6	850	10,6	330	15,2	161	23,5	67,1
6,7	827	10,7	324	15,4	156	24,0	64,4
6,8	803	10,8	318	15,6	152	24,5	61,8
6,9	779	10,9	312	15,8	149	25,0	59,3
7,0	756	11,0	307	16,0	145	25,5	57,0
7,1	736	11,1	301	16,2	141	26,0	54,9
7,2	716	11,2	296	16,4	138	26,5	52,8
7,3	697	11,3	290	16,6	135	27,0	50,9
7,4	678	11,4	285	16,8	131	27,5	49,0
7,5	660	11,5	280	17,0	128	28,0	47,3
7,6	642	11,6	275	17,2	125	28,5	45,6
7,7	626	11,7	270	17,4	122	29,0	44,1
7,8	610	11,8	266	17,6	120	29,5	42,6
7,9	595	11,9	261	17,8	117	30,0	41,2
8,0	580	12,0	257	18,0	114	30,5	39,9
8,1	566	12,1	253	18,2	112	31,0	38,6
8,2	552	12,3	249	18,4	110	31,5	37,4
8,3	539	12,3	245	18,6	107	32,0	36,2
8,4	526	12,4	241	18,8	105	32,5	35,1
8,5	514	12,5	237	19,0	102	33,0	34,1
8,6	502	12,6	234	19,2	100,6	33,5	33,1
8,7	491	12,7	230	19,4	98,5	34,0	32,1
8,8	480	12,8	227	19,6	96,5	34,5	31,2
8,9	469	12,9	223	19,8	94,6	35,0	30,3
9,0	458	13,0	220	20,0	92,7	35,5	29,4
9,1	448	13,1	216	20,2	90,9	36,0	28,6
9,2	438	13,2	213	20,4	89,1	37,0	27,1
9,3	429	13,3	209	20,6	87,4	38,0	25,7
9,4	420	13,4	206	20,8	85,7	39,0	24,4
9,5	411	13,5	203	21,0	84,1	40,0	23,2

$$HV = \frac{1,854\ P}{d^2}\ [kg/mm^2]$$

d	HV	d	HV	d	HV	d	HV
7,1	1103	11,1	452	16,2	213	24,2	95,0
7,2	1073	11,2	444	16,4	208	24,4	93,4
7,3	1045	11,3	436	16,6	203	24,6	91,9
7,4	1018	11,4	428	16,8	198	24,8	90,5
7,5	990	11,5	420	17,0	193	25,0	89,0
7,6	963	11,6	412	17,2	188	25,5	85,5
7,7	939	11,7	405	17,4	184	26,0	82,3
7,8	915	11,8	399	17,6	180	26,5	79,2
7,9	892	11,9	392	17,8	176	27,0	76,3
8,0	870	12,0	386	18,0	172	27,5	73,5
8,1	849	12,1	380	18,2	168	28,0	70,9
8,2	828	12,2	375	18,4	164	28,5	68,5
8,3	809	12,3	368	18,6	161	29,0	66,1
8,4	790	12,4	362	18,8	157	29,5	63,9
8,5	771	12,5	356	19,0	154	30,0	61,8
8,6	752	12,6	351	19,2	151	30,5	59,8
8,7	736	12,7	345	19,4	148	31,0	57,9
8,8	720	12,8	340	19,6	145	31,5	56,1
8,9	703	12,9	335	19,8	142	32,0	54,3
9,0	687	13,0	330	20,0	139	32,5	52,7
9,1	672	13,1	325	20,2	136	33,0	51,1
9,2	658	13,2	320	20,4	134	33,5	49,6
9,3	644	13,3	315	20,6	131	34,0	48,1
9,4	630	13,4	310	20,8	129	34,5	46,7
9,5	617	13,5	305	21,0	126	35,0	45,4
9,6	605	13,6	301	21,2	124	35,5	44,1
9,7	592	13,7	296	21,4	121	36,0	42,9
9,8	579	13,8	292	21,6	119	36,5	41,8
9,9	567	13,9	288	21,8	117	37,0	40,6
10,0	556	14,0	284	22,0	115	37,5	39,6
10,1	545	14,2	276	22,2	113	38,0	38,5
10,2	535	14,4	269	22,4	111	38,5	37,5
10,3	524	14,6	262	22,6	109	39,0	36,6
10,4	513	14,8	255	22,8	107	39,5	35,7
10,5	504	15,0	248	23,0	105	40,0	34,8
10,6	495	15,2	242	23,2	103	41,0	33,1
10,7	486	15,4	236	23,4	102	42,0	31,5
10,8	477	15,6	230	23,6	99,2	43,0	30,1
10,9	468	15,8	224	23,8	98,2	44,0	28,7
11,0	460	16,0	218	24,0	96,6	45,0	27,5

$$HV = \frac{1,854\ P}{d^2}\ [kg/mm^2]$$

d	HV	d	HV	d	HV	d	HV
		12,1	506	18,2	224	28,0	94,6
8,2	1104	12,2	498	18,4	219	28,5	91,3
8,3	1078	12,3	490	18,6	214	29,0	88,2
8,4	1052	12,4	482	18,8	210	29,5	85,2
8,5	1028	12,5	475	19,0	205	30,0	82,4
8,6	1004	12,6	468	19,2	201	30,5	79,7
8,7	982	12,7	461	19,4	197	31,0	77,2
8,8	960	12,8	454	19,6	193	31,5	74,7
8,9	938	12,9	447	19,8	189	32,0	72,4
9,0	916	13,0	440	20,0	185	32,5	70,2
9,1	896	13,1	433	20,2	182	33,0	68,1
9,2	876	13,2	426	20,4	178	33,5	66,1
9,3	858	13,3	419	20,6	175	34,0	64,2
9,4	840	13,4	412	20,8	171	34,5	62,3
9,5	823	13,5	406	21,0	168	35,0	60,5
9,6	806	13,6	400	21,2	165	36	57,2
9,7	789	13,7	394	21,4	162	37	54,2
9,8	772	13,8	388	21,6	159	38	51,4
9,0	757	13,9	383	21,8	156	39	48,8
10,0	742	14,0	378	22,0	153	40	46,4
10,1	727	14,2	368	22,2	150	41	44,1
10,2	712	14,4	358	22,4	148	42	42,0
10,3	698	14,6	348	22,6	145	43	40,1
10,4	684	14,8	339	22,8	143	44	38,3
10,5	672	15,0	330	23,0	140	45	36,6
10,6	660	15,2	321	23,2	138	46	35,0
10,7	648	15,4	313	23,4	135	47	33.6
10,8	636	15,6	305	23,6	133	48	32,2
10,9	625	15,8	297	23,8	130	49	30,9
11,0	614	16,0	290	24,0	129	50	29,7
11,1	603	16,2	283	24,2	127	51	28,5
11,2	592	16,4	276	24,4	125	52	27.4
11,3	581	16,6	269	24,6	123	53	26,4
11,4	570	16,8	263	24,8	121	54	25,4
11,5	560	17,0	257	25,0	119	55	24,5
11,6	550	17,2	251	25,5	114	56	23,6
11,7	541	17,4	245	26,0	110	57	22,8
11,8	532	17,6	239	26,5	106	58	22,0
11,9	523	17,8	234	27,0	102	59	21,3
12,0	514	18,0	229	27,5	98,1	60	20,6

$$HV = \frac{1,854\ P}{d^2}\ [kg/mm^2]$$

d	HV	d	HV	d	HV	d	HV
9,1	1120	13,1	541	20,2	227	33,0	85,1
9,2	1095	13,2	532	20,4	223	33,5	82,6
9,3	1072	13,3	523	20,6	218	34,0	80,2
9,4	1050	13,4	515	20,8	214	34,5	77,9
9,5	1027	13,5	507	21,0	210	35,0	75,7
9,6	1005	13,6	500	21,2	206	35,5	73,6
9,7	985	13,7	492	21,4	202	36,0	71,5
9,8	965	13,8	485	21,6	199	36,5	69,6
9,9	946	13,9	478	21,8	195	37,0	67,7
10,0	928	14,0	472	22,0	192	37,5	65,9
10,1	910	14,2	460	22,2	188	38,0	64,2
10,2	892	14,4	447	22,4	185	38,5	62,6
10,3	873	14,6	435	22,6	181	39,0	60,9
10,4	855	14,8	423	22,8	178	39,5	59,4
10,5	840	15,0	412	23,0	175	40,0	57,9
10,6	825	15,2	401	23,2	172	41	55,1
10,7	810	15,4	391	23,4	169	42	52,6
10,8	795	15,6	381	23,6	166	43	50,1
10,9	781	15,8	371	23,8	164	44	47,9
11,0	767	16,0	362	24,0	161	45	45,8
11,1	753	16,2	353	24,2	158	46	43,8
11,2	739	16,4	345	24,4	156	47	42,0
11,3	725	16,6	336	24,6	153	48	40,2
11,4	712	16,8	328	24,8	151	49	38,6
11,5	699	17,0	321	25,0	148	50	37,1
11,6	687	17,2	313	25,5	143	51	35,6
11,7	676	17,4	306	26,0	137	52	34,3
11,8	665	17,6	299	26,5	132	53	33,0
11,9	653	17,8	293	27,0	127	54	31,8
12,0	642	18,0	286	27,5	123	55	30,6
12,1	632	18,2	280	28,0	118	56	29,6
12,2	622	18,4	274	28,5	114	57	28,5
12,3	612	18,6	268	29,0	110	58	27,6
12,4	602	18,8	262	29,5	107	59	26,7
12,5	593	19,0	257	30,0	103	60	25,8
12,6	585	19,2	252	30,5	99,6	61	24,9
12,7	576	19,4	246	31,0	96,5	62	24,1
12,8	567	19,6	241	31,5	93,4	63	23,4
12,9	558	19,8	236	32,0	90,5	64	22,6
13,0	550	20,0	232	32,5	87,8	65	21,9

$$HV = \frac{1{,}854\,P}{d^2}\ [kg/mm^2]$$

<table>
<tr><td>HV [kg/mm²]</td><td colspan="5" align="center">VICKERS
[d = ¹/₁₀₀ mm]</td><td colspan="2" align="right">P = 10 kg</td></tr>
</table>

d	HV	d	HV	d	HV	d	HV
13,1	1083	19,2	503	27,2	251	46	87,6
13,2	1065	19,4	493	27,4	247	47	83,9
13,3	1047	19,6	483	27,6	243	48	80,5
13,4	1030	19,8	473	27,8	239	49	77,2
13,5	1015	20,0	464	28,0	236	50	74,2
13,6	1000	20,2	454	28,2	233	51	71,3
13,7	985	20,4	445	28,4	230	52	68,6
13,8	970	20,6	437	28,6	227	53	66,0
13,9	957	20,8	429	28,8	224	54	63,6
14,0	945	21,0	420	29,0	220	55	61,3
14,1	932	21,2	413	29,2	217	56	59,1
14,2	920	21,4	405	29,4	214	57	57,1
14,3	907	21,6	397	29,6	212	58	55,1
14,4	895	21,8	390	29,8	209	59	53,3
14,5	882	22,0	383	30.0	206	60	51,5
14,6	870	22,2	376	30,5	199	61	49,8
14,7	858	22,4	369	31,0	193	62	48,2
14,8	847	22,6	363	31,5	187	63	46,7
14,9	835	22,8	357	32,0	181	64	45,3
15,0	824	23,0	350	32,5	176	65	43.9
15,2	803	23,2	344	33,0	170	66	42,6
15,4	782	23,4	339	33,5	165	67	41,3
15,6	762	23,6	333	34,0	160	68	40,1
15,8	743	23,8	327	34,5	156	69	38,9
16,0	724	24,0	322	35,0	151	70	37,8
16,2	707	24,2	317	35,5	147	71	36,8
16,4	689	24,4	311	36,0	143	72	35,8
16,6	673	24,6	306	36,5	139	73	34,8
16,8	657	24,8	301	37,0	135	74	33,9
17.0	642	25,0	297	37,5	132	75	33,0
17,2	627	25,2	292	38,0	128	76	32,1
17,4	612	25,4	287	38,5	125	77	31,3
17,6	598	25,6	283	39,0	122	78	30,5
17,8	585	25,8	279	39,5	119	79	29,7
18,0	572	26,0	274	40,0	116	80	29,0
18,2	560	26,2	270	41	110	81	28,3
18,4	548	26,4	266	42	105	82	27,6
18,6	536	26,6	262	43	100	83	26,9
18,8	525	26,8	258	44	95,7	84	26,3
19,0	514	27,0	254	45	91,6	85	25.7

$$HV = \frac{1,854\ P}{d^2}\ [kg/mm^2]$$

d	HV	d	HV	d	HV	d	HV
18,6	1072	22,6	726	28,2	466	56	118
18,7	1062	22,7	720	28,4	460	57	114
18,8	1049	22,8	713	28,6	453	58	110
18,9	1038	22,9	707	28,8	447	59	107
19,0	1028	23,0	701	29,0	441	60	103
19,1	1016	23,1	695	29,2	435	61	99,7
19,2	1005	23,2	689	29,4	429	62	96,5
19,3	994	23,3	683	29,6	423	63	93,4
19,4	984	23,4	677	29,8	418	64	90,5
19,5	974	23,5	671	30,0	412	65	87,8
19,6	964	23,6	666	30,5	399	66	85,1
19,7	954	23,7	660	31,0	386	67	82,6
19,8	945	23,8	655	31,5	374	68	80,2
19,9	936	23,9	649	32,0	362	69	77,9
20,0	928	24,0	644	32,5	351	70	75,7
20,1	918	24,1	638	33,0	340	71	73,6
20,2	908	24,2	633	33,5	330	72	71,5
20,3	900	24,3	628	34,0	321	73	69,6
20,4	891	24,4	623	34,5	312	74	67,7
20,5	882	24,5	618	35,0	303	75	65,9
20,6	874	24,6	613	36	286	76	64,2
20,7	865	24,7	608	37	271	77	62,5
20,8	857	24,8	603	38	257	78	60,9
20,9	849	24,9	598	39	244	79	59,4
21,0	841	25,0	593	40	232	80	57,9
21,1	833	25,2	584	41	220	81	56,5
21,2	825	25,4	575	42	210	82	55,1
21,3	817	25,6	566	43	201	83	53,8
21,4	810	25,8	557	44	192	84	52,6
21,5	802	26,0	549	45	183	85	51,3
21,6	795	26,2	540	46	176	86	50,1
21,7	787	26,4	532	47	168	87	49,0
21,8	780	26,6	524	48	161	88	47,9
21,9	773	26,8	516	49	154	89	46,8
22,0	766	27,0	509	50	148	90	45,8
22,1	759	27,2	501	51	143	91	44,8
22,2	752	27,4	494	52	137	92	43,8
22,3	746	27,6	487	53	132	93	42,9
22,4	739	27,8	480	54	127	94	42,0
22,5	732	28,0	473	55	123	95	41,2

$$HV = \frac{1{,}854\ P}{d^2}\ [kg/mm^2]$$

VICKERS

$[d = {}^1/_{100}\ \text{mm}]$

P = 30 kg

d	HV	d	HV	d	HV	d	HV
		30,2	610				
22,4	1108	30,4	602	38,2	381	56	178
22,6	1089	30,6	594	38,4	377	57	171
22,8	1070	30,8	586	38,6	373	58	165
23,0	1052	31,0	579	38,8	370	59	160
				39,0	366	60	155
23,2	1033	31,2	571	39,2	362	61	150
23,4	1016	31,4	564	39,4	358	62	145
23,6	998	31,6	557	39,6	355	63	140
23,8	982	31,8	550	39,8	351	64	136
24,0	966	32,0	543	40,0	348	65	132
24,2	950	32,2	536	40,5	339	66	128
24,4	934	32,4	530	41,0	330	67	124
24,6	919	32,6	523	41,5	322	68	120
24,8	904	32,8	517	42,0	315	69	117
25,0	890	33,0	510	42,5	308	70	114
25,2	876	33,2	504	43,0	301	71	110
25,4	862	33,4	498	43,5	294	72	107
25,6	849	33,6	493	44,0	287	73	104
25,8	830	33,8	487	44,5	280	74	102
26,0	822	34,0	482	45,0	274	75	98,9
26,2	810	34,2	475	45,5	268	76	96,3
26,4	798	34,4	470	46,0	262	77	93,8
26,6	786	34,6	465	46,5	256	78	91,4
26,8	774	34,8	459	47,0	251	79	89,1
27,0	763	35,0	454	47,5	246	80	86,9
27,2	752	35,2	449	48,0	241	81	84,8
27,4	741	35,4	444	48,5	236	82	82,7
27,6	730	35,6	439	49,0	231	83	80,7
27,8	720	35,8	434	49,5	226	84	78,8
28,0	709	36,0	429	50,0	222	85	77,0
28,2	699	36,2	425	50,5	218	86	75,2
28,4	690	36,4	420	51,0	214	87	73,5
28,6	680	36,6	415	51,5	210	88	71,8
28,8	670	36,8	411	52,0	206	89	70,2
29,0	661	37,0	407	52,5	202	90	68,7
29,2	652	37,2	402	53,0	198	91	67,2
29,4	643	37,4	398	53,5	194	92	65,7
29,6	635	37,6	393	54,0	191	93	64,3
29,8	626	37,8	389	54,5	188	94	62,9
30,0	618	38,0	385	55,0	185	95	61,6

$$HV = \frac{1,854\ P}{d^2}\ [\text{kg/mm}^2]$$

VICKERS

$[d = {}^{1}/_{100}\ \text{mm}]$

P = 40 kg

d	HV	d	HV	d	HV	d	HV
26,2	1080	34,2	634	45,5	359	71	147
26,4	1064	34,4	627	46,0	352	72	143
26,6	1048	34,6	620	46,5	344	73	139
26,8	1033	34,8	613	47,0	336	74	135
27,0	1017	35,0	606	47,5	329	75	132
27,2	1002	35,2	599	48,0	322	76	128
27,4	998	35,4	592	48,5	315	77	125
27,6	974	35,6	585	49,0	309	78	122
27,8	960	35,8	578	49,5	303	79	119
28,0	946	36,0	572	50,0	297	80	116
28,2	933	36,2	566	50,5	291	81	113
28,4	919	36,4	560	51,0	285	82	110
28,6	907	36,6	554	51,5	280	83	108
28,8	894	36,8	548	52,0	274	84	105
29,0	882	37,0	542	52,5	269	85	103
29,2	870	37,2	536	53,0	264	86	100
29,4	858	37,4	530	53,5	259	87	98,0
29,6	846	37,6	524	54,0	254	88	95,8
29,8	835	37,8	519	54,5	250	89	93,6
30,0	824	38,0	514	55,0	246	90	91,6
30,2	813	38,2	508	55,5	241	91	89,6
30,4	802	38,4	503	56,0	236	92	87,6
30,6	792	38,6	498	56,5	232	93	85,7
30,8	782	38,8	493	57,0	228	94	83,9
31,0	772	39,0	488	57,5	224	95	82,1
31,2	762	39,2	483	58,0	220	96	80,5
31,4	752	39,4	478	58,5	217	97	78,8
31,6	743	39,6	473	59,0	213	98	77,2
31,8	734	39,8	468	59,5	209	99	75,7
32,0	724	40,0	464	60,0	206	100	74,2
32,2	715	40,5	452	61	199	101	72,7
32,4	706	41,0	440	62	193	102	71,3
32,6	698	41,5	430	63	187	103	69,9
32,8	689	42,0	420	64	181	104	68,6
33,0	681	42,5	411	65	176	105	67,3
33,2	673	43,0	402	66	170	106	66,0
33,4	665	43,5	393	67	165	107	64,8
33,6	657	44,0	384	68	160	108	63,6
33,8	649	44,5	375	69	156	109	62,4
34,0	642	45,0	366	70	151	110	61,3

$$HV = \frac{1{,}854\ P}{d^2}\ [\text{kg}/\text{mm}^2]$$

<table>
<tr><td colspan="8">HV [kg/mm²]   VICKERS [d = ¹/₁₀₀ mm]   P = 50 kg</td></tr>
</table>

d	HV	d	HV	d	HV	d	HV
29,2	1087	37,2	670	53,0	330	86	125
29,4	1072	37,4	663	53,5	324	87	122
29,6	1058	37,6	656	54,0	319	88	120
29,8	1044	37,8	649	54,5	312	89	117
30,0	1030	38,0	642	55,0	307	90	114
30,2	1016	38,2	635	55,5	301	91	112
30,4	1003	38,4	628	56,0	296	92	110
30,6	990	38,6	622	56,5	290	93	107
30,8	977	38,8	616	57,0	285	94	105
31,0	965	39,0	610	57,5	280	95	103
31,2	952	39,2	603	58,0	275	96	101
31,4	940	39,4	597	58,5	270	97	98,5
31,6	928	39,6	591	59,0	265	98	96,5
31,8	918	39,8	585	59,5	261	99	94,6
32,0	908	40,0	580	60,0	257	100	92,7
32,2	894	40,5	566	61	249	101	90,9
32,4	883	41,0	552	62	241	102	89,1
32,6	872	41,5	539	63	234	103	87,4
32,8	861	42,0	526	64	227	104	85,7
33,0	851	42,5	514	65	220	105	84,1
33,2	841	43,0	502	66	213	106	82,5
33,4	831	43,5	491	67	206	107	81,0
33,6	821	44,0	480	68	200	108	79,5
33,8	812	44,5	469	69	194	109	78,0
34,0	802	45,0	458	70	189	110	76,6
34,2	792	45,5	448	71	184	111	75,2
34,4	783	46,0	438	72	179	112	73,9
34,6	774	46,5	429	73	174	113	72,6
34,8	765	47,0	420	74	169	114	71,3
35,0	756	47,5	411	75	165	115	70,1
35,2	748	48,0	403	76	160	116	68,9
35,4	740	48,5	394	77	156	117	67,7
35,6	732	49,0	386	78	152	118	66,6
35,8	724	49,5	378	79	149	119	65,5
36,0	716	50,0	371	80	145	120	64,4
36,2	708	50,5	363	81	141	121	63,3
36,4	700	51,0	356	82	138	122	62,3
36,6	692	51,5	349	83	135	123	61,3
36,8	685	52,0	342	84	131	124	60,3
37,0	678	52,5	336	85	128	125	59,3

$$HV = \frac{1,854\,P}{d^2}\ [kg/mm^2]$$

d	HV	d	HV	d	HV	d	HV
		39,2	724	61	299	101	109
		39,4	717	62	289	102	107
31,6	1114	39,6	709	63	280	103	105
31,8	1100	39,8	702	64	272	104	103
32,0	1086	40,0	696	65	263	105	101
32,2	1073	40,5	678	66	255	106	99,0
32,4	1059	41,0	660	67	248	107	97,2
32,6	1046	41,5	645	68	241	108	95,4
32,8	1034	42,0	630	69	234	109	93,6
33,0	1021	42,5	616	70	227	110	92,0
33,2	1009	43,0	602	71	221	111	90,3
33,4	997	43,5	588	72	215	112	88,7
33,6	985	44,0	574	73	209	113	87,1
33,8	974	44,5	561	74	203	114	85,6
34,0	962	45,0	548	75	198	115	84,1
34,2	951	45,5	536	76	193	116	82,6
34,4	940	46,0	524	77	188	117	81,3
34,6	929	46,5	513	78	183	118	79,9
34,8	919	47,0	502	79	178	119	78,6
35,0	908	47,5	492	80	174	120	77,3
35,2	898	48,0	482	81	170	121	76,0
35,4	888	48,5	472	82	166	122	74,8
35,6	878	49,0	462	83	162	123	73,5
35,8	868	49,5	453	84	158	124	72,3
36,0	858	50,0	444	85	154	125	71,2
36,2	849	50,5	436	86	150	126	70,1
36,4	840	51,0	428	87	147	127	69,0
36,6	831	51,5	420	88	144	128	67,9
36,8	822	52,0	412	89	140	129	66,9
37,0	813	52,5	404	90	137	130	65,8
37,2	804	53,0	396	91	134	131	64,8
37,4	795	53,5	389	92	131	132	63,9
37,6	787	54,0	382	93	129	133	62,9
37,8	778	54,5	376	94	126	134	61,9
38,0	770	55,0	370	95	123	135	61,0
38,2	762	56	356	96	121	136	60,1
38,4	754	57	342	97	118	137	59,3
38,6	747	58	330	98	116	138	58,4
38,8	739	59	319	99	114	139	57,6
39,0	732	60	309	100	111	140	56,8

$$HV = \frac{1{,}854\ P}{d^2}\ [kg/mm^2]$$

d	HV	d	HV	d	HV	d	HV
		44,2	759	66	341	106	132
		44,4	753	67	330	107	130
36,6	1119	44,6	746	68	321	108	127
36,8	1095	44,8	739	69	312	109	125
37,0	1083	45,0	732	70	303	110	123
37,2	1072	45,5	717	71	294	111	120
37,4	1060	46,0	702	72	286	112	118
37,6	1049	46,5	687	73	278	113	116
37,8	1038	47,0	672	74	271	114	114
38,0	1027	47,5	658	75	264	115	112
38,2	1016	48,0	644	76	257	116	110
38,4	1005	48,5	631	77	250	117	108
38,6	995	49,0	618	78	244	118	107
38,8	985	49,5	606	79	238	119	105
39,0	975	50,0	594	80	232	120	103
39,2	965	50,5	582	81	226	121	101
39,4	956	51,0	570	82	221	122	99,7
39,6	946	51,5	559	83	215	123	98,0
39,8	936	52,0	548	84	210	124	96,4
40,0	927	52,5	538	85	205	125	94,9
40,2	918	53,0	528	86	201	126	93,4
40,4	909	53,5	518	87	196	127	91,9
40,6	900	54,0	508	88	192	128	90,5
40,8	891	54,5	499	89	187	129	89,1
41,0	882	55,0	490	90	183	130	87,7
41,2	874	55,5	481	91	179	131	86,4
41,4	865	56,0	472	92	175	132	85,1
41,6	857	56,5	464	93	171	133	83,8
41,8	849	57,0	456	94	168	134	82,6
42,0	841	57,5	448	95	164	135	81,3
42,2	833	58,0	440	96	161	136	80,1
42,4	825	58,5	433	97	158	137	79,0
42,6	817	59,0	426	98	154	138	77,9
42,8	809	59,5	419	99	151	139	76,8
43,0	802	60,0	412	100	148	140	75,7
43,2	795	61	396	101	145	142	73,6
43,4	787	62	386	102	143	144	71,5
43,6	780	63	374	103	140	146	69,6
43,8	773	64	362	104	137	148	67,7
44,0	766	65	352	105	135	150	65,9

$$HV = \frac{1{,}854\ P}{d^2}\ [kg/mm^2]$$

<table>
<tr><td>HV [kg/mm²]</td><td colspan="8">VICKERS
[d = ¹/₁₀₀ mm]</td><td>P = 100 kg</td></tr>
</table>

d	HV	d	HV	d	HV	d	HV
41,2	1093	49,2	766	76	321	116	138
41,4	1082	49,4	760	77	313	117	135
41,6	1071	49,6	754	78	305	118	133
41,8	1061	49,8	748	79	297	119	131
42,0	1051	50,0	742	80	290	120	129
42,2	1041	50,5	727	81	283	121	127
42,4	1031	51,0	712	82	276	122	125
42,6	1021	51,5	698	83	269	123	123
42,8	1012	52,0	685	84	263	124	121
43,0	1003	52,5	672	85	257	125	119
43,2	994	53,0	660	86	251	126	117
43,4	984	53,5	648	87	245	127	115
43,6	975	54,0	636	88	240	128	113
43,8	967	54,5	615	89	234	129	111
44,0	958	55,0	614	90	229	130	110
44,2	949	55,5	603	91	224	131	108
44,4	941	56,0	592	92	219	132	106
44,6	932	56,5	581	93	214	133	105
44,8	924	57,0	570	94	210	134	103
45,0	916	57,5	560	95	205	135	102
45,2	907	58,0	550	96	201	136	100
45,4	900	58,5	541	97	197	137	98,8
45,6	892	59,0	532	98	193	138	97,4
45,8	884	59,5	523	99	189	139	96,0
46,0	876	60,0	515	100	185	140	94,6
46,2	869	61	499	101	181	142	92,0
46,4	861	62	483	102	178	144	89,4
46,6	854	63	468	103	174	146	87,0
46,8	847	64	454	104	171	148	84,7
47,0	840	65	439	105	168	150	82,4
47,2	832	66	425	106	165	152	80,3
47,4	825	67	413	107	162	154	78,2
47,6	818	68	401	108	159	156	76,2
47,8	811	69	389	109	156	158	74,3
48,0	805	70	378	110	153	160	72,4
48,2	798	71	368	111	150	162	70,7
48,4	791	72	358	112	148	164	68,9
48,6	785	73	348	113	145	166	67,3
48,8	779	74	339	114	143	168	65,7
49,0	772	75	330	115	140	170	64,2

$$HV = \frac{1{,}854\,P}{d^2}\ [kg/mm^2]$$

VICKERS

$[d = {}^{1}/_{100}\ mm]$

P = 120 kg

d	HV	d	HV	d	HV	d	HV
45,2	1089	53,2	786	71	441	111	181
45,4	1079	53,4	780	72	429	112	177
45,6	1070	53,6	774	73	417	113	174
45,8	1060	53,8	769	74	406	114	171
46,0	1051	54,0	763	75	396	115	168
46,2	1042	54,2	757	76	385	116	165
46,4	1033	54,4	752	77	375	117	163
46,6	1024	54,6	746	78	366	118	160
46,8	1016	54,8	741	79	356	119	157
47,0	1008	55,0	735	80	348	120	155
47,2	999	55,5	722	81	339	122	150
47,4	990	56,0	709	82	331	124	145
47,6	982	56,5	697	83	323	126	140
47,8	974	57,0	685	84	315	128	136
48,0	966	57,5	673	85	308	130	132
48,2	958	58,0	661	86	301	132	128
48,4	950	58,5	650	87	294	134	124
48,6	942	59,0	639	88	287	136	120
48,8	934	59,5	628	89	281	138	117
49,0	927	60,0	618	90	275	140	114
49,2	919	60,5	608	91	269	142	110
49,4	912	61,0	598	92	263	144	107
49,6	904	61,5	588	93	257	146	104
49,8	897	62,0	579	94	252	148	102
50,0	890	62,5	570	95	247	150	98,9
50,2	883	63,0	561	96	241	152	96,3
50,4	876	63,5	552	97	236	154	93,8
50,6	869	64,0	543	98	232	156	91,4
50,8	862	64,5	534	99	227	158	89,1
51,0	855	65,0	526	100	222	160	86,9
51,2	849	65,5	518	101	218	162	84,8
51,4	842	66,0	510	102	214	164	82,7
51,6	835	66,5	503	103	210	166	80,7
51,8	829	67,0	496	104	206	168	78,8
52,0	822	67,5	489	105	202	170	77,0
52,2	816	68,0	482	106	198	172	75,2
52,4	810	68,5	475	107	194	174	73,5
52,6	804	69,0	468	108	191	176	71,8
52,8	798	69,5	461	109	187	178	70,2
53,0	792	70,0	454	110	184	180	68,7

$$HV = \frac{1,854\ P}{d^2}\ [kg/mm^2]$$

Härtezahlen nach Rockwell

In nachstehenden Tabellen sind die Zusammenhänge zwischen Brinellhärte und Rockwellhärte mit den verschiedensten Belastungen und Prüfkörpern bei Kohlenstoffstahl, Chromnickelstahl, Grauguß, Nichteisenmetallen usw. aufgeführt. Wenn an Genauigkeit die höchsten Anforderungen gestellt werden müssen, empfiehlt es sich, von Fall zu Fall für die gerade vorliegende Materialsorte besondere Richtwerte festzulegen.

Rockwell Hardness Numbers

The following tables indicate the relationship between Brinell and Rockwell Hardness with various loads and penetrators when testing carbon steel, chrome-nickel steel, cast iron, non-ferrous metals etc. If extreme accuracy is essential, it is advisable to determine nominal values from case to case for the particular material to be tested.

Nombres De Dureté Rockwell

Les tableaux suivants donnent pour les charges et les pénétrateurs les plus divers, les nombres de dureté Brinell en regard des nombres de dureté avec Rockwell, relatifs aux aciers au carbone et au nickel-chrome, à la fonte grise, aux métaux non ferreux etc. Lorsqu'on exige une très grande précision, il est recommandé de fixer dans chaque cas, pour les matériaux ci-dessus, des valeurs de base particulières.

Valori di durezza nella prova secondo il sistema Rockwell

Nelle seguenti tabelle vengono dati i rapporti fra durezza Brinell e Rockwell con i vari carichi e penetratori per acciaio al carbonio, acciaio al cromo-nichel, ghisa, metalli non ferrosi ecc. Qualora fosse richiesta la massima esattezza circa i risultati ottenuti, si consiglia di fissare, di caso in caso per ogni tipo di materiale, degli speciali valori di durezza.

ROCKWELL HRb ÷ **BRINELL HB 10**

für Nichteisenmetalle
for Non-Ferrous Material
pour les métaux non ferreux
per metalli non ferrosi

$D = \frac{1}{16}'' \varnothing$
$P_v = 10\ kg$
$Z = 130$
$P = 100\ kg$

$D = 10\ mm\ \varnothing$
$P = 1000\ kg$

HRb	HB 10 [kg / mm²]	HRb	HB 10 [kg / mm²]	HRb	HB 10 [kg / mm²]
—20	51,9	18	68,0	56	98,8
—18	52,5	20	69,1	58	101,1
—16	53,2	22	70,2	60	103,7
—14	53,9	24	71,4	62	106,3
—12	54,6	26	72,7	64	109,1
—10	55,3	28	74,6	66	112,1
—8	56,0	30	75,4	68	115,2
—6	56,8	32	76,8	70	118,5
—4	57,8	34	78,2	72	122,0
—2	58,4	36	79,7	74	125,8
0	59,2	38	81,3	76	129,0
2	60,1	40	83,0	78	133,9
4	61,0	42	84,7	80	138,2
6	61,9	44	86,5	82	143,0
8	62,8	46	88,3	84	148,1
10	63,8	48	90,2	86	153,6
12	64,8	50	92,2	88	159,5
14	65,8	52	94,3	90	166,0
16	66,9	54	96,5	92	173,0

ROCKWELL HR b   ÷   BRINELL HB 30

für Kohlenstoffstahl
für Carbon Steel
pour les aciers au carbone
per acciaio al carbonio

$D = \frac{1}{16}'' \; \varnothing$
$P_v = 10$ kg
$Z = 130$
$P = 100$ kg

$D = 10$ mm $\varnothing$
$P = 3000$ kg

HR b	HB 30 [kg/mm²]	σ B	HR b	HB 30 [kg/mm²]	σ B	HR b	HB 30 [kg/mm²]	σ B	HR b	HB 30 [kg/mm²]	σ B
50	92	33,1	70	120	43,2	90	181	64,7	110	325	116,6
51	93	33,4	71	122	43,9	91	185	66,3	111	339	121,7
52	94	33,7	72	124	44,7	92	190	68,0	112	353	126,9
53	95	34,0	73	126	45,3	93	195	69,8	113	369	132,6
54	96	34,4	74	128	46,3	94	200	71,6	114	386	139,0
55	97	34,8	75	130	47,2	95	205	73,6	115	406	145,9
56	98	35,2	76	132	48,1	96	210	75,6	116	424	153,4
57	99	35,6	77	134	49,0	97	216	77,8	117	451	164,8
58	100	36,0	78	137	50,0	98	223	80,0	118	476	171,2
59	101	36,4	79	139	51,0	99	229	82,4	119	505	181,4
60	102	36,9	80	142	52,1	100	235	84,8	120	535	192,6
61	103	37,4	81	145	53,1	101	242	87,2	121	565	
62	105	37,9	82	148	54,2	102	250	90,0	122	595	
63	106	38,5	83	152	55,3	103	258	92,8	123	627	
64	108	39,1	84	155	56,4	104	266	95,6	124	660	
65	110	39,7	85	159	57,6	105	274	98,6	125	692	
66	112	40,3	86	163	58,8	106	282	101,6	126	726	
67	114	41,0	87	167	60,2	107	292	104,8			
68	116	41,7	88	172	61,6	108	303	108,3			
69	118	42,4	89	176	63,1	109	313	112,3			

ROCKWELL HR 2,5/187,5 ÷ BRINELL HB 30

für Kohlenstoffstahl
for Carbon Steel
pour les aciers au carbone
per acciaio al carbonio

D = 2,5 mm Ø
P_v = 10 kg
Z = 100
P = 187,5 kg

D = 10 mm
P = 3000 kg

HR 2,5/187,5	HB 30 [kg/mm²]	σB [kg/mm²]	HR 2,5/187,5	HB 30 [kg/mm²]	σB [kg/mm²]	HR 2,5/187,5	HB 30 [kg/mm²]	σB [kg/mm²]
1	104,8	37,7	31	139	50,1	55,5	212	76,5
2	105,6	38,0	32	141	50,8	56,0	215	77,4
3	106,4	38,2	33	143	51,5	56,5	217	78,3
4	107,2	38,6	34	145	52,3	57,0	220	79,3
5	108	38,8	35	147	52,9	57,5	223	80,3
6	109	39,2	36	149	53,6	58,0	226	81,4
7	110	39,6	37	151	54,4	58,5	229	82,4
8	111	40,0	38	153	55,1	59,0	232	83,5
9	112	40,3	39	155	55,8	59,5	235	84,5
10	113	40,7	40	158	56,9	60,0	238	85,6
11	114	41,0	41	161	58,0	61	243	87,5
12	115	41,4	42	164	59,1	62	249	89,6
13	116	41,8	43	167	60,1	63	255	91,8
14	117	42,2	44	170	61,2	64	262	94,3
15	118	42,5	45	173	62,3	65	269	96,3
16	119	42,8	46	176	63,4	66	277	99,7
17	120	43,2	47	179	64,5	67	285	102,6
18	121	43,6	48	182	65,5	68	293	105,5
19	122	43,9	49	186	66,9	69	301	108,4
20	123	44,3	50	190	68,4	70	309	111,2
21	124	44,6	50,5	192	69,1	71	318	114.5
22	125	45,0	51,0	194	69,8	72	328	118,1
23	126	45,4	51,5	196	70,5	73	338	121,7
24	127	45,8	52,0	198	71,3	74	348	125,3
25	128	46,1	52,5	200	72,0	75	359	129,2
26	130	46,8	53,0	202	72,7	76	370	133,2
27	131	47,2	53,5	204	73,4	77	382	137,5
28	133	47,8	54,0	206	74,1	78	395	142,2
29	135	48,6	54,5	208	74,8	79	409	147,2
30	137	49,3	55,0	210	75,6	80	424	152,6

ROCKWELL HR 2,5/187,5   ÷   BRINELL HB 30

für Nickel- und Chrom-Nickelstahl
for Nickel and Chrome-Nickel Steel
pour les aciers au nickel et au nickel-chrome
per acciai al nichel e al cromo-nichel

$D = 2,5$ mm $\varnothing$ $D = 10$ mm $\varnothing$
$P_v = 10$ kg $P = 3000$ kg
$Z = 100$
$P = 187,5$ kg

HR 2,5/187,5	HB 30 [kg/mm²]	σ B [kg/mm²]	HR 2,5/187,5	HB 30 [kg/mm²]	σ B [kg/mm²]	HR 2,5/187,5	HB 30 [kg/mm²]	σ B [kg/mm²]
20	122	41,5	42	165	56,1	64	257	87,5
21	124	42,2	43	167	56,8	65	265	90,0
22	125	42,5	44	170	57,8	66	274	93,2
23	127	43,2	45	173	58,8	67	284	96,6
24	128	43,6	46	176	59,8	68	295	100,5
25	130	44,2	47	179	60,9	69	306	104
26	132	44,9	48	182	61,9	70	318	108
27	133	45,3	49	185	62,9	71	331	112,5
28	134	45,6	50	188	63,9	72	344	117
29	136	46,3	51	192	65,3	73	358	122
30	138	47,0	52	196	66,6	74	372	126,5
31	140	47,6	53	200	68,0	75	387	131,5
32	142	48,3	54	204	69,4	76	403	137
33	144	49,0	55	208	70,8	77	419	142
34	146	49,6	56	212	72,2	78	439	149
35	148	50,3	57	216	73,5	79	459	156
36	150	51,0	58	221	75,2	80	479	163
37	152	51,6	59	226	76,8	81	499	169
38	155	52,7	60	231	78,6	82	520	176
39	157	53,4	61	237	80,6	83	542	184
40	160	54,4	62	243	82,6	84	564	192
41	162	55,1	63	250	85,0			

ROCKWELL HR 2,5/187,5   ÷   BRINELL HB 30

für Gußeisen und Hartguß
for Cast Iron
pour la fonte et la fonte trempée
per ghisa e ghisa dura

$D = 2{,}5\ mm\ \varnothing$
$P_v = 10\ kg$
$Z = 100$
$P = 187{,}5\ kg$

$D = 10\ mm\ \varnothing$
$P = 3000\ kg$

HR 2,5/187,5	HB 30 [kg/mm²]	HR 2,5/187,5	HB 30 [kg/mm²]	HR 2,5/187,5	HB 30 [kg/mm²]	HR 2,5/187,5	HB 30 [kg/mm²]	HR 2,5/187,5	HB 30 [kg/mm²]
0	105	25	131,5	40	164	55	220	70	325
2	106,5	26	133	41	167	56	225	71	335,5
4	108	27	134,5	42	170	57	230	72	346,5
6	109,5	28	136,5	43	173	58	235	73	358
8	111	29	138,5	44	176	59	240,5	74	370
10	113	30	140,5	45	179,5	60	246	75	383
12	115	31	142,5	46	183	61	252	76	397
14	117	32	144,5	47	186,5	62	258,5	77	412
16	119	33	146,5	48	190	63	265,5	78	428
18	121,5	34	149	49	194	64	272,5	79	445
20	124	35	151,5	50	198	65	280	80	463
21	125,5	36	154	51	202	66	288	81	484
22	127	37	156,5	52	206,5	67	296,5	82	513
23	128,5	38	159	53	211	68	305,5	83	548
24	130	39	161,5	54	215,5	69	315		

ROCKWELL HR 2,5/62,5   ÷   BRINELL HB 10

für Nichteisenmetalle
for Non Ferrous Material
pour les métaux non ferreux
per metalli non ferrosi

$D = 2{,}5$ mm ∅
$P_v = 10$ kg
$Z = 100$
$P = 62{,}5$ kg

$D = 10$ mm ∅
$P = 1000$ kg

HR 2,5/62,5	HB 10 [kg/mm²]	HR 2,5/62,5	HB 10 [kg/mm²]	HR 2,5/62,5	HB 10 [kg/mm²]
0	28,9	29	42,6	58	69,2
1	29,3	30	43,2	59	70,6
2	29,7	31	43,8	60	72,0
3	30,1	32	44,5	61	73,5
4	30,5	33	45,2	62	75,1
5	30,9	34	45,9	63	76,8
6	31,3	35	46,6	64	79,6
7	31,7	36	47,3	65	81,5
8	32,1	37	48,0	66	83,5
9	32,5	38	48,7	67	86,0
10	32,9	39	49,4	68	88,5
11	33,3	40	50,2	69	91,0
12	33,7	41	51,0	70	93,5
13	34,1	42	51,8	71	96,0
14	34,6	43	52,6	72	99,0
15	35,1	44	53,5	73	102
16	35,6	45	54,4	74	105
17	36,1	46	55,3	75	108
18	36,6	47	56,2	76	112
19	37,1	48	57,2	77	116
20	37,6	49	58,2	78	120
21	38,1	50	59,2	79	125
22	38,6	51	60,3	80	130
23	39,1	52	61,4	81	136
24	39,6	53	62,6	82	143
25	40,2	54	63,8	83	151
26	40,8	55	65,0	84	160
27	41,4	56	66,4	85	171
28	42,0	57	67,8	86	183

ROCKWELL HR 2,5/31,2   ÷   BRINELL HB 5/2,5

für Nichteisenmetalle
for Non Ferrous Material
pour les métaux non ferreux
per metalli non ferrosi

$D = 2,5$ mm $\varnothing$
$P_v = 10$ kg
$Z = 100$
$P = 31,2$ kg

$D = 2,5$ mm $\varnothing$
$P = 31,2$ kg

HR 2,5/31,2	HB 5/2,5 [kg/mm²]	HR 2,5/31,2	HB 5/2,5 [kg/mm²]		
55	22,5	75	40		
56	23	76	42		
57	23,5	77	44		
58	24	78	47		
59	24,5	79	50		
60	25	80	53,5		
61	25,5	81	57,5		
62	26	82	62		
63	26,5	83	66,5		
64	27,5	84	72		
65	28,5	85	78		
66	29,5	86	84		
67	30,5	87	90,5		
68	31,5	88	97		
69	32,5	89	103,5		
70	33,5	90	110,5		
71	34,5	91	117,5		
72	35,5	92	125		
73	36,5	93	133		
74	38				

ROCKWELL HR 5/750 ÷ BRINELL HB 30

für Nickel- und Chrom-Nickelstähle
for Nickel- and Chrome-Nickel Steel
pour les aciers au nickel et au nickel-chrome
per acciai al nichel e al cromo-nichel

D = 5 mm ∅
P_v = 10 kg
Z = 500
P = 750 kg

D = 10 mm ∅
P = 3000 kg

HR 5/750	HB 30	σB [kg/mm²]	HR 5/750	HB 30	σB [kg/mm²]	HR 5/750	HB 30	σB [kg/mm²]	HR 5/750	HB 30	σB [kg/mm²]	HR 5/750	HB 30	σB [kg/mm²]
338	130	44,2	372	160	54,4	395	190	64,6	418	232	78,9	441	326	111
340	131	44,6	373	161	54,8	396	191	65,0	419	235	79,9	442	332	113
342	133	45,3	374	163	55,4	397	193	65,6	420	238	81,0	443	338	115
344	134	45,6	375	164	55,8	398	194	66,0	421	241	82,0	444	344	117
346	136	46,3	376	165	56,1	399	196	66,7	422	244	83,0	445	350	119
348	137	46,6	377	166	56,5	400	197	67,0	423	247	84,0	446	356	121
350	139	47,3	378	168	57,2	401	199	67,7	424	250	85,0	447	362	123
352	140	47,6	379	169	57,5	402	200	68,0	425	254	86,4	448	368	125
354	142	48,3	380	170	57,9	403	202	68,7	426	257	87,4	449	374	127
356	144	49,0	381	171	58,2	404	203	69,0	427	260	88,4	450	381	130
358	146	49,6	382	172	58,5	405	205	69,7	428	264	89,8	451	389	132
360	148	50,3	383	173	58,8	406	206	70,0	429	267	90,8	452	397	135
361	149	50,6	384	175	59,5	407	208	70,7	430	271	92,2	453	405	138
362	150	51,0	385	176	59,9	408	210	71,4	431	275	93,5	454	414	141
363	151	51,3	386	177	60,2	409	212	72,1	432	280	95,2	455	423	144
364	152	51,7	387	178	60,5	410	214	72,8	433	285	96,9	456	432	147
365	153	52,0	388	180	61,2	411	216	73,5	434	290	98,6	457	441	150
366	154	52,4	389	181	61,5	412	218	74,2	435	295	100,5	458	450	153
367	155	52,7	390	182	61,9	413	221	75,1	436	300	102,0	459	460	156
368	156	53,1	391	184	62,6	414	223	75,8	437	305	104,0	460	470	160
369	157	53,4	392	185	62,9	415	225	76,5	438	310	105,5	461	483	164
370	158	53,7	393	187	63,6	416	228	77,5	439	315	107,0	462	500	170
371	159	54,1	394	188	63,9	417	230	78,2	440	320	109,0			

ROCKWELL HR 5/750 ÷ BRINELL HB 30

für Kohlenstoffstahl
for Carbon Steel
pour les aciers au carbone
per acciaio al carbonio

D = 5 mm ∅
P_v = 10 kg
Z = 500
P = 750 kg

D = 10 mm ∅
P = 3000 kg

HR 5/750	HB 30	σB [kg/mm²]	HR 5/750	HB 30	σB [kg/mm²]	HR 5/750	HB 30	σB [kg/mm²]	HR 5/750	HB 30	σB [kg/mm²]	HR 5/750	HB 30	σB [kg/mm²]	HR 5/750	HB 30	σB [kg/mm²]
260	100	36,0	338	132	47,5	376	170	61.2	403	212	76,3	430	286	103	457	436	157
265	101	36,4	340	134	48,2	377	171	61,5	404	214	77,0	431	290	104,5	458	446	161
270	102	36,7	342	135	48,5	378	172	61,9	405	216	77,7	432	294	106	459	456	164
275	103	37,1	345	137	49,3	379	173	62,3	406	218	78,4	433	298	107,5	460	467	168
280	104	37,4	346	138	49,7	380	175	63,0	407	220	79.1	434	303	109	461	478	172
285	105	37,8	348	140	50,4	381	176	63,4	408	222	79,8	435	307	111,5	462	490	176
290	107	38,5	350	142	51,1	382	177	63,7	409	224	80,6	436	312	113	463	502	181
295	109	39,2	352	144	51,8	383	179	64,4	410	227	81,7	437	316	114,5	464	515	185
300	111	40,0	354	146	52,6	384	180	64,8	411	229	82,4	438	321	116	465	528	190
302	112	40,4	356	148	53,3	385	181	65,1	412	231	83,1	439	326	117,5	466	542	195
304	113	40,7	358	150	54,0	386	183	65,8	413	234	84,2	440	331	119	467	557	201
306	114	41,1	360	152	54,7	387	184	66,2	414	236	84,9	441	336	121	468	572	
308	115	41,4	361	153	55,1	388	186	66,9	415	239	86,0	442	341	123	469	587	
310	116	41,7	362	154	55,4	389	187	67,3	416	241	86,7	443	346	125	470	602	
312	117	42,1	363	155	55.8	390	189	68,0	417	244	87,8	444	351	126	471	617	
314	118	42,4	364	156	56,1	391	190	68,4	418	246	88,5	445	356	128	472	632	
316	119	42,8	365	157	56,5	392	192	69,1	419	249	89,6	446	361	130	473	647	
318	120	43,2	366	158	56,8	393	193	69,5	420	252	90,7	447	366	132	474	662	
320	121	43,6	367	159	57,2	394	195	70.2	421	255	91,8	448	372	134	475	677	
322	122	43,9	368	161	57,9	395	196	70,6	422	258	92,9	449	378	136	476	692	
324	123	44,3	369	162	58,3	396	198	71,3	423	262	94,4	450	384	138	477	707	
326	124	44,7	370	163	58,7	397	200	72,0	424	265	95,5	451	391	141			
328	125	45,0	371	164	59,0	398	202	72,8	425	269	96,6	452	398	143			
330	127	45,7	372	165	59,4	399	204	73,5	426	272	97,8	453	405	146			
332	128	46,0	373	166	59,7	400	206	74,2	427	276	99,5	454	412	148			
334	129	46,4	374	167	60,1	401	208	74,9	428	279	100,6	455	419	151			
336	131	47,1	375	169	60,8	402	210	75,6	429	282	102	456	427	154			

ROCKWELL HR 10/3000 ÷ BRINELL HB 30

für Nickel- und Chrom-Nickelstahl
for Nickel- and Chrome-Nickel Steel
pour les aciers au nickel et au nickel-chrome
per acciai al nichel e al cromo-nichel

D = 10 mm ∅
P_v = 250 kg
Z = 500
P — 3000 kg

D = 10 mm ∅
P = 3000 kg

HR 10/3000	HB 30 [kg/mm²]	σB [kg/mm²]	HR 10/3000	HB 30 [kg/mm²]	σB [kg/mm²]	HR 10/3000	HB 30 [kg/mm²]	σB [kg/mm²]
200	130	44,2	264	160	54,4	322	205	69,7
203	131	44,6	266	161	54,8	323	206	70,0
206	132	44,9	268	162	55,1	324	207	70,4
209	133	45,3	270	163	55,4	325	208	70,7
212	134	45,6	272	164	55,8	326	209	71,0
214	135	45,9	274	166	56,5	327	210	71,4
216	136	46,3	276	167	56,8	328	211	71,7
218	137	46,6	278	168	57,2	329	212	72,1
220	138	47,0	280	170	57,9	330	214	72,8
222	139	47,3	282	171	58,2	331	215	73,1
224	140	47,6	284	172	58,5	332	216	73,5
226	141	47,9	286	174	59,2	333	217	73,8
228	142	48,3	288	175	59,5	334	219	74,5
230	143	48,6	290	177	60,2	335	220	74,8
232	144	49,0	292	178	60,5	336	221	75,1
234	145	49,3	294	180	61,2	337	222	75,5
236	146	49,6	296	181	61,5	338	224	76,2
238	147	50,0	298	183	62,2	239	225	76,5
240	148	50,3	300	185	62,9	340	226	76,8
242	149	50,6	302	186	63,2	341	227	77,1
244	150	51,0	304	188	63,9	342	229	77,8
246	151	51,3	306	189	64,2	343	230	78,2
248	152	51,7	308	191	65,0	344	231	78,5
250	153	52,0	310	193	65,7	345	233	79,2
252	154	52,4	312	195	66,3	346	234	79,5
254	155	52,7	314	197	67,0	347	236	80,2
256	156	53,1	316	199	67,7	348	237	80,6
258	157	53,4	318	201	68,3	349	239	81,3
260	158	53,7	320	203	69,0	350	241	82,0
262	159	54,1	321	204	69,4	351	242	82,3

ROCKWELL HR 10/3000 ÷ BRINELL HB 30

für Nickel- und Chrom-Nickelstahl
for Nickel- and Chrome-Nickel Steel
pour les aciers au nickel et au nickel-chrome
per acciai al nichel e al cromo-nichel

$D = 10$ mm $\varnothing$
$P_v = 250$ kg
$Z = 500$
$P = 3000$ kg

$D = 10$ mm $\varnothing$
$P = 3000$ kg

HR 10/3000	HB 30 [kg/mm²]	σ B [kg/mm²]	HR 10/3000	HB 30 [kg/mm²]	σ B [kg/mm²]	HR 10/3000	HB 30 [kg/mm²]	σ B [kg/mm²]
352	244	83,0	382	309	105,0	412	402	137
353	246	83,7	383	311	105,5	413	406	138
354	248	84,4	384	314	106,5	414	410	139
355	250	85,0	385	316	107,0	415	414	141
356	252	85,7	386	319	108,0	416	418	142
357	254	86,4	387	321	109,0	417	422	143
358	256	87,1	388	324	110	418	426	145
359	258	87,8	389	327	111	419	430	146
360	260	88,4	390	330	112	420	434	147
361	262	89,1	391	333	113	421	438	149
362	264	89,8	392	336	114	422	443	151
363	266	90,5	393	339	115	423	447	152
364	268	91,1	394	342	116	424	452	154
365	270	91,8	395	345	117	425	456	155
366	272	92,5	396	348	118	426	461	157
367	274	93,2	397	351	119	427	466	158
368	276	93,9	398	354	120	428	471	160
369	278	94,6	399	357	121	429	476	162
370	280	95,2	400	361	123	430	481	163
371	282	95,9	401	364	124	431	487	165
372	284	96,6	402	367	125	432	493	167
373	287	97,6	403	371	126	433	500	170
374	289	98,3	404	374	127	434	507	172
375	291	99,0	405	377	128	435	514	175
376	294	100,0	406	381	130	436	521	177
377	296	100,5	407	384	131	437	528	179
378	298	101,5	408	388	132	438	535	182
379	301	102,5	409	391	133	439	542	184
380	304	103,5	410	395	134	440	550	187
381	306	104,0	411	398	135			

ROCKWELL HR 10/1000   ÷   BRINELL HB 10

für Nichteisenmetalle
for Non Ferrous Material
pour les métaux non ferreux
per metalli non ferrosi

$D = 10$ mm $\varnothing$
$P_v = 10$ kg
$Z = 500$
$P = 1000$ kg

$D = 10$ mm $\varnothing$
$P = 1000$ kg

HR 10/1000	HB 10 [kg/mm²]	HR 10/1000	HB 10 [kg/mm²]	HR 10/1000	HB 10 [kg/mm²]	HR 10/1000	HB 10 [kg/mm²]	HR 10/1000	HB 10 [kg/mm²]
165	50	280	72	326	85,4	372	111	418	176
170	50,9	282	72,5	328	86,2	374	112,5	420	180
175	51,8	284	73	330	87,0	376	114	422	184
180	52,7	286	73,5	332	87,8	378	115,5	424	187
185	53,6	288	74	334	88,6	380	117	426	191
190	54,5	290	74,5	336	89,4	382	119	428	195
195	55,4	292	75	338	90,2	384	121	430	199
200	56,3	294	75,5	340	91	386	123	432	203
205	57,2	296	76	342	92	388	125	434	207
210	58,1	298	76,5	344	93	390	128	436	211
215	59,0	300	77	346	94	392	131	438	215
220	60	302	77,6	348	95	394	134	440	219
225	61	304	78,2	350	96	396	137	442	222
230	62	306	78,8	352	97,2	398	140	444	226
235	63	308	79,4	354	98,4	400	143	446	230
240	64	310	80,0	356	99,6	402	146	448	234
245	65	312	80,6	358	100,8	404	149	450	238
250	66	314	81,2	360	102	406	152	452	242
255	67	316	81,8	362	103,5	408	156	454	246
260	68	318	82,4	364	105	410	160	456	250
265	69	320	83,0	366	106,5	412	164	458	254
270	70	322	83,8	368	108	414	168	460	258
275	71	324	84,6	370	109,5	416	172		

ROCKWELL HR 10/1000 ÷ BRINELL HB 10

für Gußeisen und Hartguß
for Cast Iron
pour la fonte et la fonte trempée
per ghisa e ghisa dura

$D = 10$ mm $\varnothing$
$P_v = 10$ kg
$Z = 500$
$P = 1000$ kg

$D = 10$ mm $\varnothing$
$P = 1000$ kg

HR 10/1000	HB 10 [kg/mm²]	HR 10/1000	HB 10 [kg/mm²]	HR 10/1000	HB 10 [kg/mm²]	HR 10/1000	HB 10 [kg/mm²]	HR 10/1000	HB 10 [kg/mm²]
350	99	389	134	413	169	437	220	461	306
352	100,6	390	135	414	170,5	438	223	462	312
354	102,2	391	136	415	172,5	439	226	463	318
356	103,8	392	137	416	174	440	229	464	324
358	105,4	393	138	417	176	441	232	465	330
360	107	394	139	418	178	442	235	466	337
362	108,6	395	140,5	419	180	443	238	467	344
364	110,2	396	142	420	182	444	241	468	351
366	111,8	397	143,5	421	184	445	244	469	358
368	113,4	398	145	422	186	446	247	470	365
370	115	399	146,5	423	188	447	250	471	375
372	117	400	148	424	190	448	253	472	385
374	119	401	149,5	425	192	449	256	473	397
376	121	402	151	426	194	450	260	474	410
378	123	403	152,5	427	196	451	264	475	425
380	125	404	154	428	198	452	268	476	441
381	126	405	155,5	429	200	453	272	477	459
382	127	406	157	430	202	454	276	478	479
383	128	407	159	431	205	455	280	479	500
384	129	408	160,5	432	207	456	284	480	522
385	130	409	162	433	210	457	288		
386	131	410	164	434	212	458	292		
387	132	411	165,5	435	215	459	296		
388	133	412	167,5	436	217	460	301		

**Umrechnungs-Tabellen
Conversion Tables
Tableaux de Transformation
Tabelle di conversione**

ROCKWELL HR 62,5   ÷   **ROCKWELL HR c**

nur für Stahl
for Steel
seulement pour l'acier
solo per acciaio

$P_v = 10$ kg
$Z = 100$
$P = 62,5$ kg

$P_v = 10$ kg
$Z = 100$
$P = 150$ kg

HR 62,5	H R c	HR 62,5	H R c
54	10	70	40
55	12	71	42
56	14	72	44
57	16	73	45
58	18	74	47
59	20	75	49
60	22	76	51
61	23	77	53
62	25	78	55
63	27	79	57
64	29	80	59
65	31	81	61
66	32	82	63
67	34	83	65
68	36	84	67
69	38	85	69

VICKERS	BRINELL	ROCKWELL	σ_B	
H V	H B	H Rc	0,36	0,34
kg/mm²	kg/mm²		kg/mm²	kg/mm²
100	100		36,0	34,0
105	105		37,8	35,7
110	110		39,6	37,4
115	115		41,4	39,1
120	120		43,2	40,8
125	125		45,0	42,5
130	130		46,8	44,2
135	135		48,6	45,9
140	140		50,4	47,6
145	145		52,2	49,3
150	150		54,0	51,0
155	155		55,8	52,7
160	160	1,0	57,6	54,4
165	165	3,0	59,4	56,1
170	170	5,0	61,2	57,8
175	175	6,5	63,0	59,5
180	180	8,0	64,8	61,2
185	185	9,5	66,6	62,9
190	190	11,0	68,4	64,6
195	195	11,8	70,2	66,3
200	200	12,6	72,0	68,0
205	205	13,4	73,8	69,7
210	210	14,2	75,6	71,4
215	215	15,0	77,4	73,1
220	220	16,0	79,2	74,8
225	225	17,0	81,0	76.5
230	230	18,0	82,8	78,2
235	235	19,0	84,6	79,9
240	240	20,0	86,4	81,6
245	245	21,0	88,2	83,3
250	250	22,0	90,0	85,0
255	255	22,8	91,8	86,7
260	260	23,6	93,6	88,4
265	265	24,4	95,4	90,1
270	270	25,2	97,2	91,8

VICKERS	BRINELL	ROCKWELL	σ B	
HV	HB	HRc	0,36	0,34
kg/mm²	kg/mm²		kg/mm²	kg/mm²
275	275	26,0	99,0	93,5
280	280	26,8	100,8	95,2
285	285	27,6	102,6	96,9
290	290	28,3	104,4	98,6
295	295	29,0	106,2	100,3
300	300	29,7	108,0	102,0
305	305	30,4	109,8	103,7
310	310	31,1	111,6	105,4
315	315	31,8	113,4	107,1
320	320	32,4	115,2	108,8
325	324	33,0	116,6	110,1
330	328	33,6	118,0	111,5
335	332	34,2	119,5	112,8
340	336	34,8	120,9	114,2
345	340	35,4	122,4	115,6
350	345	36,0	124,2	117,3
355	349	36,5	125,6	118,6
360	353	37,0	127,0	120,0
365	357	37,5	128,5	121,3
370	360	38,0	129,6	122,4
375	365	38,5	131,4	124,1
380	369	39,0	132,8	125,5
385	373	39,5	134,3	126,8
390	377	40,0	135,7	128,2
395	381	40,5	137,2	129,5
400	385	40,9	138,6	130,9
405	389	41,3	140,0	132,3
410	394	41,7	141,8	134,0
415	398	42,1	143,3	135,3
420	402	42,5	144,7	136,7
425	406	42,9	146,2	138,0
430	410	43,3	147,6	139,4
435	414	43,7	149,0	140,0
440	418	44,1	150,5	141,1
445	422	44,5	151,9	143,5
450	426	44,9	153,4	144,8
455	430	45,3	154,8	146,2
460	434	45,7	156,2	147,6
465	438	46,0	157,5	148,9
470	442	46,4	159,1	150,3
475	447	46,8	160,9	152,0
480	452	47,2	162,7	153,7
485	457	47,6	164,5	155,4
490	462	47,9	166,3	157,1
495	466	48,2	167,8	158,4

VICKERS	BRINELL	ROCKWELL	σ_B	
HV	HB	HRc	0,36	0,34
kg/mm²	kg/mm²		kg/mm²	kg/mm²
500	469	48,5	168,8	159,5
510	477	49,1	171,7	162,2
520	485	49,7	174,6	164,9
530	493	50,3	177,5	167,6
540	501	50,9	180,4	170,3
550	509	51,5	183,2	173,1
560	517	52,1	186,1	175,8
570	525	52,7	189,0	178,5
580	533	53,3	191,9	181,2
590	540	53,9	194,4	183,6
600	546	54,5	196,6	185,6
610	555	55,0	199,8	188,7
620	563	55,5	202,7	191,4
630	571	56,0	205,6	194,1
640	579	56,5	208,4	196,9
650	588	57,0	211,7	199,9
660	596	57,5	214,6	202,6
670		58,0		
680		58,5		
690		59,0		
700		59,5		
710		60,0		
720		60,5		
730		61,0		
740		61,4		
750		61,8		
760		62,2		
770		62,6		
780		63,0		
790		63,4		
800		63,8		
810		64,2		
820		64,6		
830		65,0		
840		65,4		
850		65,7		
860		66,0		
870		66,4		
880		66,7		
890		67,0		
900		67,3		

ROCKWELL C ÷ ROCKWELL N

$P_v = 10$ kg
$P = 150$ kg

$120°$
$Z = 100$

$P_v = 3$ kg
$P = 15\text{-}30\text{-}45$ kg

| Rockwell C | Rockwell N | | | Rockwell C | Rockwell N | | |
HR c	HR 15 N	HR 30 N	HR 45 N	HR c	HR 15 N	HR 30 N	HR 45 N
68	93,3	84,4	75,5	40	80,5	59,5	43,1
67	93,0	83,6	74,4	39	80,0	58,6	41,9
66	92,6	82,8	73,3	38	79,5	57,7	40,7
				37	78,9	56,8	39,5
65	92,2	82,0	72,2	36	78,4	55,9	38,3
64	91,8	81,1	71,1				
63	91,4	80,2	70,0	35	77,8	55,0	37,2
62	91,0	79,3	68,8	34	77,2	54,1	36,0
61	90,6	78,4	67,6	33	76,6	53,2	34,8
				32	76,0	52,3	33,6
60	90,1	77,5	66,5	31	75,5	51,4	32,5
59	89,7	76,6	65,4				
58	89,2	75,7	64,2	30	75,0	50,5	31,3
57	88,8	74,8	63,1	29	74,5	49,6	30,1
56	88,4	73,9	62,0	28	73,9	48,7	28,9
				27	73,4	47,7	27,8
55	87,9	73,0	60,9	26	72,8	46,8	26,6
54	87,4	72,1	59,7				
53	87,0	71,2	58,5	25	72,2	45,9	25,4
52	86,5	70,3	57,3	24	71,6	45,0	24,2
51	86,0	69,4	56,1	23	71,1	44,1	23,0
				22	70,6	43,2	21,8
50	85,5	68,5	55,0	21	70,1	42,4	20,6
49	85,0	67,6	53,8				
48	84,5	66,7	52,6	20	69,5	41,5	19,5
47	84,0	65,8	51,4				
46	83,5	64,9	50,2				
45	83,0	64,0	49,0				
44	82,5	63,1	47,8				
43	82,0	62,2	46,6				
42	81,5	61,3	45,5				
41	81,0	60,4	44,3				

ROCKWELL B ÷ ROCKWELL T

$P_v = 10$ kg					$P_v = 3$ kg		
$P = 100$ kg			$D = \frac{1}{16}''\,\varnothing$		$P = 15\text{-}30\text{-}45$ kg		
$Z = 130$					$Z = 100$		

Rockwell B	Rockwell T			Rockwell B	Rockwell T		
HR b	HR 15 T	HR 30 T	HR 45 T	HR b	HR 15 T	HR 30 T	HR 45 T
100	92,7	81,8	71,0	75	84,4	66,5	47,7
99	92,4	81,2	70,1	74	84,1	65,8	46,7
98	92,1	80,6	69,2	73	83,7	65,1	45,8
97	91,8	80,0	68,3	72	83,4	64,4	44,9
96	91,5	79,4	67,4	71	83,1	63,7	44,0
95	91,2	78,8	66,4	70	82,7	63,0	43,0
94	90,9	78,2	65,4	69	82,4	62,3	42,0
93	90,5	77,6	64,4	68	82,0	61,6	41,0
92	90,2	77,0	63,5	67	81,7	60,9	40,0
91	89,8	76,4	62,5	66	81,4	60,2	39,0
90	89,5	75,8	61,6	65	81,0	59,5	38,0
89	89,2	75,2	60,6	64	80,7	58,8	37,0
88	88,8	74,6	59,7	63	80,4	58,1	36,0
87	88,5	74,0	58,8	62	80,0	57,5	34,9
86	88,1	73,4	57,9	61	79,7	56,9	33,8
85	87,8	72,8	57,0	60	79,4	56,2	32,8
84	87,4	72,2	56,1	59	79,0	55,5	31,7
83	87,1	71,6	55,2	58	78,7	54,9	30,7
82	86,8	71,0	54,2	57	78,4	54,2	29,7
81	86,5	70,4	53,3	56	78,0	53,5	28,6
80	86,1	69,8	52,4	55	77,6	52,8	27,5
79	85,8	69,2	51,5	54	77,3	52,1	26,5
78	85,5	68,5	50,5	53	77,0	51,4	25,5
77	85,1	67,8	49,6	52	76,6	50,7	24,4
76	84,8	67,1	48,7	51	76,3	50,0	23,3

ROCKWELL B ÷ ROCKWELL T

$P_v = 10$ kg	$P_v = 3$ kg
$P = 100$ kg	$P = 15\text{-}30\text{-}45$ kg
$Z = 130$	$Z = 100$

$D = {}^1/_{16}"\ \varnothing$

Rockwell B	Rockwell T			Rockwell B	Rockwell T		
HR b	HR 15 T	HR 30 T	HR 45 T	HR b	HR 15 T	HR 30 T	HR 45 T
50	76,0	49,3	22,3	25	67,6	31,8	—
49	75,6	48,6	21,2	24	67,3	31,1	—
48	75,3	47,9	20,1	23	67,0	30,4	—
47	75,0	47,2	19,0	22	66,6	29,8	—
46	74,6	46,5	18,0	21	66,3	29,2	—
45	74,3	45,7	16,9	20	66,0	28,5	—
44	74,0	45,0	15,8	19	65,6	28,8	—
43	73,6	44,4	14,7	18	65,2	27,1	—
42	73,3	43,7	13,6	17	64,9	26,4	—
41	73,0	43,0	12,5	16	64,6	25,7	—
40	72,6	42,3	11,5	15	64,3	25,0	—
39	72,3	41,6	10,5	14	63,9	24,3	—
38	72,0	40,9	9,5	13	63,6	23,6	—
37	71,6	40,2	8,4	12	63,3	23,0	—
36	71,3	39,5	7,3	11	63,0	22,4	—
35	71,0	38,8	6,2	10	62,6	21,8	—
34	70,6	38,1	5,2	9	62,2	21,2	—
33	70,3	37,4	4,1	8	61,8	20,6	—
32	70,0	36,7	3,0	7	61,4	20,0	—
31	69,6	36,0	2,0	6	61,0	19,3	—
30	69,3	35,3	1,0				
29	69,0	34,6	—				
28	68,6	33,9	—				
27	68,3	33,2	—				
26	68,0	32,5	—				

Korrekturwerte für die Rockwell-C-Prüfung dünner zylindrischer Teile
Correction for Rockwell-C-Tests of thin cylindrical parts
Valeurs Corrigées pour le contrôle suivant Rockwell C de pièces cylindriques
Valori di correzione per la prova di durezza Rockwell-C su pezzi cilindrici

Messuhrablesung bei einem **Werkstückdurchmesser** von Dial Gauge **Reading** when testing parts with **dia** of **Lecture** au comparateur pour un **diamètre** de **Lettura** sul comparatore provando il **diametro** di						**tatsächlich** actual effective effettiva
mm						
5	6	7	8	9	10	HR c
24,0	25,0	26,0	26,5	27,0	27,5	30
25,0	26,0	27,0	27,5	28,0	28,5	31
26,0	27,5	28,0	29,0	29,5	29,5	32
27,5	28,5	29,0	30,0	30,5	30,5	33
28,5	29,5	30,5	31,0	31,5	32,0	34
29,5	30,5	31,5	32,0	32,5	33,0	35
30,5	31,5	32,5	33,0	33,5	34,0	36
31,5	33,0	33,5	34,0	34,5	35,0	37
33,0	34,0	34,5	35,0	35,5	36,0	38
34,0	35,0	35,5	36,5	36,5	37,0	39
35,0	36,0	37,0	37,5	37,5	38,0	40
36,0	37,0	38,0	38,5	39,0	39,0	41
37,5	38,0	39,0	39,5	40,0	40,0	42
38,5	39,5	40,0	40,5	41,0	41,5	43
39,5	40,5	41,0	41,5	42,0	42,5	44
40,5	41,5	42,0	42,5	43,0	43,5	45
42,0	42,5	43,5	43,5	44,0	44,5	46
43,0	43,5	44,5	45,0	45,0	45,5	47
44,0	45,0	45,5	46,0	46,0	46,5	48
45,0	46,0	46,5	47,0	47,5	47,5	49
46,5	47,0	47,5	48,0	48,5	48,5	50
47,5	48,0	48,5	49,0	49,5	49,5	51
48,5	49,0	49,5	50,0	50,5	51,0	52
49,5	50,5	51,0	51,0	51,5	52,0	53
51,0	52,0	52,0	52,5	52,5	53,0	54
52,0	52,5	53,0	53,5	53,5	54,0	55
53,0	53,5	54,0	54,5	54,5	55,0	56
54,0	54,5	55,0	55,5	56,0	56,0	57
55,5	56,0	56,0	56,5	57,0	57,0	58
56,5	57,0	57,5	57,5	58,0	58,0	59
57,5	58,0	58,5	58,5	59,0	59,0	60
58,5	59,0	59,5	60,0	60,0	60,5	61
59,5	60,0	60,5	61,0	61,0	61,5	62
61,0	61,5	61,5	62,0	62,0	62,5	63
62,0	62,5	62,5	63,0	63,0	63,5	64
63,0	63,5	64,0	64,0	64,5	64,5	65
64,0	64,5	65,0	65,0	65,5	65,5	66
65,5	65,5	66,0	66,0	66,5	66,5	67
66,5	66,5	67,0	67,5	67,5	67,5	68

Korrekturwerte für die Rockwell HR 62,5 Prüfung dünner zylindrischer Teile
Correction for Rockwell HR 62,5 Tests of thin cylindrical parts
Valeurs Corrigées pour le contrôle suivant Rockwell HR 62,5 de pièces cylindriques
Valori di correzione per la prova di durezza Rockwell HR 62,5 su pezzi cilindrici

Messuhrablesung bei einem **Werkstückdurchmesser** von								**tatsächlich** actual effective effettiva
Dial Gauge **Reading** when testing parts with **dia** of								
Lecture au comparateur pour un **diamètre** de								
Lettura sul comparatore provando il **diametro** di								
			5	6	7	8	9	10	HR 62,5

			5	6	7	8	9	10	HR 62,5
			61,5	62,0	62,5	63,0	63,5	63,5	64,5
			62,0	62,5	63,0	63,5	64,0	64,0	65,0
			62,5	63,0	63,5	64,0	64,5	64,5	65,5
			63,0	63,5	64,0	64,5	65,0	65,0	66,0
			64,0	64,5	64,5	65,0	65,5	65,5	66,5
			64,5	65,0	65,5	65,5	66,0	66,0	67,0
			65,0	65,5	66,0	66,0	66,5	66,5	67,5
			65,5	66,0	66,5	66,5	67,0	67,5	68,0
			66,0	66,5	67,0	67,0	67,5	68,0	68,5
			66,5	67,0	67,5	68,0	68,0	68,5	69,0
			67,0	67,5	68,0	68,5	68,5	69,0	69,5
			67,5	68,0	68,5	69,0	69,0	69,5	70,0
			68,5	68,5	69,0	69,5	69,5	70,0	70,5
			69,0	69,0	69,5	70,0	70,0	70,5	71,0
			69,5	70,0	70,0	70,5	70,5	71,0	71,5
			70,0	70,5	70,5	71,0	71,0	71,5	72,0
			70,5	71,0	71,0	71,5	71,5	72,0	72,5
			71,0	71,5	71,5	72,0	72,0	72,5	73,0
			71,5	72,0	72,0	72,5	72,5	73,0	73,5
			72,0	72,5	73,0	73,0	73,0	73,5	74,0
			72,5	73,0	73,5	73,5	74,0	74,0	74,5
			73,0	73,5	74,0	74,0	74,5	74,5	75,0
			74,0	74,0	74,5	74,5	75,0	75,0	75,5
			74,5	74,5	75,0	75,0	75,5	75,5	76,0
			75,0	75,0	75,5	75,5	76,0	76,0	76,5
			75,5	75,5	76,0	76,5	76,5	76,5	77,0
			76,0	76,5	76,5	77,0	77,0	77,0	77,5
			76,5	77,0	77,0	77,5	77,5	77,5	78,0
			77,0	77,5	77,5	78,0	78,0	78,0	78,5
			77,5	78,0	78,0	78,5	78,5	78,5	79,0
			78,5	78,5	78,5	79,0	79,0	79,0	79,5
			79,0	79,0	79,5	79,5	79,5	79,5	80,0
			79,5	79,5	80,0	80,0	80,0	80,0	80,5
			80,0	80,0	80,5	80,5	80,5	80,5	81,0
			80,5	80,5	81,0	81,0	81,0	81,0	81,5
			81,0	81,5	81,5	81,5	81,5	81,5	82,0
			81,5	82,0	82,0	82,0	82,0	82,5	82,5
			82,0	82,5	82,5	82,5	82,5	83,0	83,0
			82,5	83,0	83,0	83,0	83,0	83,5	83,5
			83,5	83,5	83,5	83,5	83,5	84,0	84,0
			84,0	84,0	84,0	84,0	84,0	84,5	84,5